全国高级技工学校电气自动化设备安装与维修专业

电工仪表与电气测量（第二版）习题册

肖　俊　主编

中国劳动社会保障出版社

简　介

本习题册为全国高级技工学校电气自动化设备安装与维修专业教材《电工仪表与电气测量（第二版）》的配套用书。本习题册按照教材章节顺序编写，内容紧扣教学要求，知识点分布均衡，题型丰富多样，习题难易适中，有助于学生复习巩固所学知识。

本习题册由肖俊任主编，何文燕任副主编，冯元海、王莹、周明、陈晨参加编写；彭旭昀任主审。

图书在版编目（CIP）数据

电工仪表与电气测量（第二版）习题册 / 肖俊主编. --北京：中国劳动社会保障出版社，2022
全国高级技工学校电气自动化设备安装与维修专业
ISBN 978-7-5167-5608-9

Ⅰ.①电…　Ⅱ.①肖…　Ⅲ.①电工仪表-技工学校-习题集②电气测量-技工学校-习题集　Ⅳ.①TM93-44

中国版本图书馆 CIP 数据核字（2022）第 195885 号

中国劳动社会保障出版社出版发行
（北京市惠新东街 1 号　邮政编码：100029）
*
北京市科星印刷有限责任公司印刷装订　　新华书店经销

787 毫米 ×1092 毫米　16 开本　4.75 印张　110 千字
2022 年 11 月第 1 版　　2025 年 8 月第 3 次印刷
定价：11.00 元

营销中心电话：400-606-6496
出版社网址：http://www.class.com.cn
http://jg.class.com.cn

目　录

第一章　电工仪表与电气测量的基本知识

§1-1　常用电工仪表知识和电气测量方法

一、填空题（将正确的答案填写在横线上）

1. 电工指示仪表能将被测量转换为仪表可动部分的＿＿＿＿＿＿＿＿＿＿，并通过＿＿＿＿＿＿直接指示出被测量的大小。

2. 数字仪表的特点是采用＿＿＿＿测量技术，并以＿＿＿＿的形式直接显示出被测量的大小。

3. 智能仪表一般分为两大类，一类是＿＿＿＿＿＿＿＿＿＿的智能仪器，另一类是＿＿＿＿＿＿＿＿＿＿。

4. 电工指示仪表按使用方法分类，可分为＿＿＿＿＿式和＿＿＿＿式两种，准确度较高的是＿＿＿＿式仪表。

5. 电工指示仪表按工作原理分类，可分为＿＿＿＿＿系仪表、＿＿＿＿＿＿＿＿系仪表、＿＿＿＿系仪表和＿＿＿＿系仪表四大类。

6. 表示仪表标度尺位置为垂直的符号是＿＿＿，表示仪表标度尺位置为水平的符号是＿＿＿，表示仪表标度尺位置与水平面倾斜成60°的符号是＿＿＿。

7. 电工仪表的组别号一般以汉语拼音的＿＿＿＿字母表示，个别字母为了避免重复、误读，而不采用汉语拼音的第一个字母。例如，字母＿＿＿＿、＿＿＿＿、＿＿＿＿宜避免使用。

8. 测量结果的量值是由＿＿＿＿和＿＿＿＿＿＿＿共同组成的。

9. 电气测量是将被测电量或电参数与＿＿＿＿＿＿＿进行比较，从而确定被测量大小的过程。

10. 在测量中实际使用的标准量是测量单位的复制体，称为＿＿＿＿＿＿。

11. 在电气测量中，除了根据＿＿＿＿＿＿正确选择和使用电工仪表外，还要选取合理的＿＿＿＿＿＿，才能提高测量准确度。

二、判断题（正确的在括号内打“√”，错误的打“×”）

1. 安装式指示仪表广泛应用于发电厂和配电所等场合。（　　）

2. 表示仪表准确度的数字越小，仪表的准确度等级越低。（　　）

3. 44C2-A表示便携式磁电系直流电流表。（　　）

4. DD282表示单相电能表。（　　）

5. T19-A表示便携式电磁系电流表。（　　）

6. 电动势是标准电池的复制体。（　　）

7. 基准度量器的精度比标准度量器的精度高。（　　）

8. 比较测量法的优点是方法简便，读数迅速。（　　）

9．用欧姆表测量电阻属于直接测量法。（　　）

10．用伏安法测量电阻属于比较测量法。（　　）

11．用间接测量法测量三极管发射极电压具有方便快捷、不易损坏电路板、准确度较高的特点。（　　）

12．没有计量单位的测量结果是没有任何意义的。（　　）

三、选择题（将正确答案的序号填入括号中）

1．在测量过程中，通过被测量与同类标准量进行比较，然后根据比较结果才能确定被测量大小的仪表，称为（　　）仪表。

A．比较　　B．数字　　C．指示　　D．智能

2．电工指示仪表按准确度分级，可分为（　　）级。

A．4　　B．5　　C．6　　D．7

3．T19–V 表示（　　）。

A．安装式电磁系电压表　　B．便携式磁电系电压表

C．安装式磁电系电压表　　D．便携式电磁系电压表

4．DT12 表示（　　）。

A．安装式电动系电流表　　B．安装式电磁系电流表

C．三相有功电能表　　D．三相四线电能表

5．常用的电工测量方法有（　　）种。

A．3　　B．4　　C．5　　D．6

6．用单臂电桥测量电阻属于（　　）测量法。

A．直接　　B．间接　　C．替换　　D．比较

7．测量三极管放大器的静态工作点，通常采用（　　）测量法。

A．直接　　B．间接　　C．替换　　D．比较

8．测量时，先测出与被测量有关的电量，然后通过计算求得被测量数值的方法称为（　　）测量法。

A．直接　　B．间接　　C．替换　　D．比较

四、简答题

1．安装式指示仪表和便携式指示仪表各适用于什么场合？

2. 某仪表面板上有下列符号，试说明各符号的含义。

0.5　≅　HOLD　0L

3. 将表 1-1 中所列仪表符号补充完整。

表 1-1

名称	符号	名称	符号	名称	符号
磁电系仪表		交流测量提示符		电阻单位	
电磁系仪表		直流测量提示符		电压单位	
电动系仪表		超量程提示符		电流单位	
整流系仪表		电池欠压提示符		频率单位	

4. 常用的电气测量方法有哪几种？各有哪些优缺点？

§1-2　电工仪表的误差和准确度

一、填空题（将正确的答案填写在横线上）

1. 电工仪表的测量结果与被测量实际值之间的差值称为____________。____________是指仪表的测量结果与实际值的接近程度。

2. 根据误差产生的原因不同，仪表误差分为__________误差和__________误差两大类。

3. 电工仪表零件装配不当造成的误差属于仪表的__________误差。

4. 附加误差是一种因仪表偏离了规定的____________而产生的误差，一般可以设法__________。

5. 误差通常用________误差、________误差和________误差来表示。

二、判断题（正确的在括号内打“√”，错误的打“×”）

1. 一般情况下，测量结果的准确度总是等于仪表的准确度。（　　）

2. 由于仪表工作位置不当而造成的误差称为绝对误差。（　　）

3．工程中，一般采用相对误差来表示仪表的准确度。（ ）

4．国家标准中规定以最大引用误差来表示仪表的准确度。（ ）

5．仪表的准确度越高，测量结果就越准确。（ ）

6．为保证测量结果的准确性，不仅要保证仪表的准确度足够高，还要选择合适的量程及正确的测量方法。（ ）

三、选择题（将正确答案的序号填入括号中）

1．仪表的准确度越高，基本误差（ ）。

A．越大 B．越小 C．不变 D．不确定

2．仪表的标度尺刻度不准造成的误差属于（ ）。

A．基本误差 B．附加误差

C．相对误差 D．引用误差

3．在测量不同大小的被测量时，可以用（ ）来表示测量结果的准确程度。

A．绝对误差 B．相对误差

C．附加误差 D．基本误差

4．仪表由于受外磁场影响而造成的误差属于（ ）。

A．基本误差 B．附加误差

C．相对误差 D．引用误差

5．在（ ）的情况下，仪表的准确度等于测量结果的准确度。

A．被测量大于仪表量程 B．被测量小于仪表量程

C．被测量等于仪表量程 D．被测量与仪表量程无关

四、简答题

1．绝对误差、相对误差和引用误差分别适用于哪些场合？

2．我国生产的电工仪表的准确度分为哪几级？

3．测量结果的准确度是否等于仪表的准确度？为什么？

五、计算题

1．现用准确度等级为 1.5 级、量程为 250 V 的电压表分别测量 220 V 和 10 V 的电压，试计算其相对误差，并说明正确选择量程的意义。

2．用量程为 10 V 的电压表测量实际值为 8 V 的电压，若仪表读数为 8.1 V，则仪表的绝对误差和相对误差各为多少？若将求得的绝对误差视为最大绝对误差，试确定仪表的准确度等级。

§1-3 测量误差及其消除方法

一、填空题（将正确的答案填写在横线上）

1．测量误差是指____________与________________之间存在的差异。

2．根据产生原因的不同，测量误差可分为___________________、___________________和___________________三大类。

3．系统误差是指在相同条件下多次测量同一量时，误差的_________________均保持________，而在条件改变时____________________的误差。

4．疏失误差是一种______________________的误差。

二、判断题（正确的在括号内打“√”，错误的打“×”）

1．测量误差实际上就是仪表误差。（ ）

2．由外界环境的偶发性变化引起的误差称为偶然误差。（ ）

3．造成系统误差的主要原因是操作者粗心大意。（ ）

4．测量误差分为基本误差和附加误差。（ ）

三、选择题（将正确答案的序号填入括号中）

1．由电源电压突变引起的误差属于（ ）。

A．系统误差　B．偶然误差　C．疏失误差　D．绝对误差

2．消除偶然误差可以采用（ ），取算术平均值的方法。

A．对测量仪表进行校正　B．正负误差补偿

C．替代　D．增加重复测量次数

3．偶然误差是指（ ）的误差。

A．大小和符号都不固定　B．大小固定，符号不固定

C．大小不固定，符号固定　D．大小和符号都固定不变

4．随机误差又称为（ ）。

A．系统误差　B．偶然误差　C．疏失误差　D．绝对误差

5．由外磁场引起的系统误差，可以采用（ ）的方法加以消除。

A．对测量仪表进行校正　B．正负误差补偿

C．替代　D．增加测量次数

四、简答题

1．简述测量误差与仪表误差的含义及两者之间的关系。

2．简述产生系统误差、偶然误差、疏失误差的原因及其消除方法。

§1-4　测量结果的分析处理

一、填空题（将正确的答案填写在横线上）

1．数据处理主要包括____________、_________和_________等工作环节，有时还需要把数据制成_________或_________，最终归纳出____________。

2．有效数字的取舍规则可简单概括为：_______________________。若第 n 位数字后面的数值等于 5，应视第 n 位数字而定；若第 n 位数字为偶数，则____________；若第 n 位数字为奇数，则____________。

3．常见的测量数据的表示方法有________法、________法和_____________法。

二、判断题（正确的，在括号内打“√”，错误的，在括号内打“×”）

1．有效数字一般由可靠数字和欠准确数字两部分组成。（　　）

2．加减运算最后对运算结果的有效数字进行取舍时，应使其小数点后的位数与原各项数据中小数点后位数最多的项相同。（　　）

3．数字“0”在数据中可以是有效数字，也可以不是。（　　）

4．图示法就是把测量结果中相关量的关系用图形的方式表示出来。（　　）

5．记录测量数据时，只有最末一位数字是估计读数，其他数字都必须是准确读出的。（　　）

6．通常把数据用有效数字乘 10 的幂次的形式表示。并且规定，10 的幂次前面的数字都是有效数字。（　　）

三、计算题

1．对下列数据进行取舍处理，要求小数点后只保留 2 位。

8.775　　5.854 6　　3.995　　9.785 2　　5.483 0　　23.455 0

2．根据有效数字的运算规则，计算 24.05−0.032−4.705 1。

3．根据有效数字的运算规则，计算 2.532+15.65−8.632 8。

4．根据有效数字的运算规则，计算 2.657 61 × 14.25 × 6.54。

四、简答题

1．什么是有效数字？

2．数据处理的任务是什么？

§1–5　电工指示仪表的组成和技术要求

一、填空题（将正确的答案填写在横线上）

1. 电工指示仪表的作用是把被测________转换为仪表可动部分的____________，然后用指针偏转角的大小来反映被测电量的数值。

2. 电工指示仪表主要由______________和______________两大部分组成。其中，______________是整个指示仪表的核心。

3. 测量线路的作用是把各种不同的被测电量按__________转换为测量机构所能接受的__________。

4. 电工指示仪表的测量机构主要由________装置、_______________装置、________装置、_______装置和_______装置组成。

5. 电工指示仪表中常见的阻尼力矩装置有_______阻尼器和_________阻尼器两种。

6. 电工指示仪表指针的偏转角度越大，反作用力矩越_______。

7. 电工指示仪表测量机构中常见的支撑方式有___________支撑方式和___________支撑方式。

8. 在电工指示仪表中，仪表可动部分偏转角的变化量与被测电量的变化量的比值称为仪表的_______。

9. 当电工指示仪表接入被测电路后，指针在平衡位置附近摆动的时间应_________，以便迅速读数。

10. 良好的读数装置是指仪表的标度尺刻度应尽量_______，以便于读数。

11. 仪表使用的过程中，严禁测量电路的电压超过仪表的_________________，否则将引起危害人身和设备安全的事故。

二、判断题（正确的在括号内打“√”，错误的打“×”）

1. 各种类型电工指示仪表的测量机构都是由固定部分和可动部分组成的。（　　）
2. 在电工指示仪表中，转动力矩的大小与被测电量成正比。（　　）
3. 便携式电工指示仪表多采用矛形指针，以利于准确读数。（　　）
4. 光标式指示器可以完全消除视觉误差，一般用于高灵敏度和高准确度的仪表。（　　）
5. 游丝可以构成电工指示仪表中的反作用力矩装置。（　　）
6. 选择仪表时，要求其准确度越高越好。（　　）
7. 选择仪表时，要求其灵敏度越高越好。（　　）
8. 选择仪表时，要求其具有足够的过载能力。（　　）
9. 仪表本身消耗的功率越小越好。（　　）

三、选择题（将正确答案的序号填入括号中）

1. 在电工指示仪表中，阻尼力矩装置的作用是（　　）。

A．产生转动力矩　　B．产生反作用力矩

C．提高准确度　　D．缩短读数时间

2. 阻尼力矩的大小与（　　）有关。

A. 指针偏转角　　B. 指针运动速度

C. 被测量大小　　D. 反作用力大小

3. 在游丝弹性范围内，反作用力矩的大小与（　　）。

A. 指针偏转角成正比　　B. 指针偏转角成反比

C. 指针转动速度成正比　　D. 指针转动速度成反比

4. 电工指示仪表的指针通常采用（　　）材料制成。

A. 不锈钢　　B. 铁　　C. 铝　　D. 铝合金

5. 测量机构转动力矩的大小与被测量大小（　　）。

A. 成正比　　B. 成反比　　C. 无关　　D. 成某种函数关系

6. 仪表的灵敏度低，说明仪表（　　）。

A. 准确度低　　B. 量程小

C. 功率消耗小　　D. 不能反映被测电量的微小变化

7. 对于标度尺刻度均匀的仪表，其灵敏度是一个（　　）。

A. 常数　　B. 负数　　C. 函数　　D. 变数

四、简答题

1. 电工指示仪表的测量机构中能产生哪几个力矩？各力矩有什么特点？

2. 电工指示仪表的测量机构中若没有阻尼力矩，将会导致什么后果？

3. 电工指示仪表的主要技术要求有哪些？

§1-6 电工数字仪表的组成和技术要求

一、填空题（将正确的答案填写在横线上）

1．电工数字仪表主要由__________、_____________和_________________三部分组成。

2．在电工数字仪表中，测量线路的作用是把被测电量转换为_____________。

3．在电工数字仪表中，A/D 转换器的作用是把连续变化的____________转换为高电平或低电平的间断脉冲所组成的_____________。

4．______和______是数字测量中的两个基本量，其他被测电量往往都转换成这两种量进行测量。

5．电工数字仪表的显示位数通常用一个整数和一个分数表示。整数部分表示能显示________全部数字的位数有几位，分数部分用于表示最高位的显示性能，______表示最高位数字可能显示的最大数值，______表示满量程时应该显示的数值。

二、判断题（正确的在括号内打"√"，错误的打"×"）

1．电工数字仪表只能测量数字量或开关量。（　　）

2．数字式电压表的灵敏度可以做得比较高。（　　）

3．电工数字仪表的准确度主要取决于 A/D 转换器和其他电子元器件的质量。（　　）

三、选择题（将正确答案的序号填入括号中）

1．电工数字仪表一般采用发光二极管显示器和（　　）显示器。

A．指针　　B．液晶　　C．数码　　D．指示灯

2．A/D 转换器的任务是把中间模拟量转换为（　　）。

A．指针偏转角　　B．显示值　　C．显示模拟量　　D．数字量

3．电工数字仪表没有刻度盘，所以它的灵敏度用（　　）表示。

A．S　　B．分辨率　　C．精度　　D．准确度

四、简答题

1．电工数字仪表的核心是什么？

2. 选择电工数字仪表时，主要应从哪几方面考虑？

3. 简述电工数字仪表灵敏度的含义。

第二章　直流电流和直流电压的测量

§2–1　磁电系测量机构

一、填空题（将正确的答案填写在横线上）

1. 磁电系测量机构主要由固定的____________和可动的________两部分组成。

2. 磁电系测量机构中游丝的作用有两个：一是产生__________________；二是连通__________和被测电路。

3. 磁电系测量机构的灵敏度表示__________________所对应的指针偏转角。

4. 磁电系仪表的刻度是均匀的，其原因是仪表指针的偏转角与被测电流的大小成__________。

5. 磁电系仪表的优点是__________________、_______________、__________________、______________。缺点是__________________、__________________________。

6. 直流检流计是一种专门测量__________电流或电压的高灵敏度仪表，主要用于以直流电工作的电测仪器（如电位差计、电桥等）中作_____________使用。

7. 检流计是____________系仪表，是根据载流线圈在磁场中受到力矩而偏转的原理制成的。

二、判断题（正确的在括号内打“√”，错误的打“×”）

1. 磁电系仪表是磁电系测量机构的核心。（　　）

2. 磁电系测量机构中的线圈应尽可能轻。（　　）

3. 磁电系测量机构是根据通电线圈在磁场中受到电磁力作用发生偏转的原理制成的。（　　）

4. 检流计的特点是灵敏度高。（　　）

三、选择题（将正确答案的序号填入括号中）

1. 磁电系测量机构（　　）。
   A. 可以测量较大的直流电流　　B. 可以测量交流电流
   C. 可以交直流两用　　D. 只能测量较小的直流电流

2. 磁电系测量机构的阻尼力矩由（　　）产生。
   A. 游丝　　B. 磁路系统
   C. 可动部分的铝框　　D. 固定部分的铝框

3. 在磁电系测量机构中，磁路系统的结构可分为（　　）种。
   A. 1　　B. 2　　C. 3　　D. 4

4. 磁电系测量机构指针的偏转角与通过线圈的（　　）。
   A. 电流成正比　　B. 电流的平方成正比
   C. 电流成反比　　D. 电流的平方成反比

四、简答题

1. 简述磁电系测量机构的工作原理。

2. 为什么磁电系仪表只能测量直流？若通入交流会产生什么后果？

3. 磁电系仪表过载能力小的原因是什么？

4. 为了提高检流计的灵敏度，通常采取什么措施？

§2–2　指针式直流电流表和电压表

一、填空题（将正确答案填写在横线上）

1. 在磁电系测量机构中，由于可动线圈的导线很______，而且电流要经过________，所以允许通过的电流通常很______。

2. 磁电系直流电流表是由__________________与____________并联组成。

3. 磁电系测量机构的基本参数包括__________________和__________________。

4. 根据分流电阻与测量机构连接方式的不同，分流电路分为________式和________式两种。目前，许多多量程指针式直流电流表都采用______式分流电路。

5. 使用直流电流表时，电流表要与被测电路______联，使被测电流从电流表的____端流入，____端流出。

6. 磁电系直流电压表是由__________与________两者___组成。

7. 多量程直流电压表由__________与不同阻值的_____电阻___联组成，通常采用_____式分压电路。

二、判断题（正确的，在括号内打“√”，错误的，在括号内打“×”）

1. 一般情况下，仪表的满刻度电流越大，其内阻越小。（ ）

2. 直流电流表和直流电压表的核心都是磁电系测量机构。（ ）

3. 要使电流表量程扩大 n 倍，所并联的分流电阻应为测量机构内阻的 $n-1$ 倍。（ ）

4. 测量直流电流时，应选择磁电系电流表。（ ）

5. 要测量某一电路中的电流，必须将电流表与该电路并联。（ ）

6. 电流表内阻越大越好。（ ）

7. 电压表的量程越高，其内阻就越大。（ ）

8. 在测量过程中，若无法估计被测电压的大小，应先从最大量程开始试测。（ ）

三、选择题（将正确答案的序号填写在括号内）

1. 一只量程为 500 μA、内阻为 200 Ω 的电流表，若要改装为 2 A 的电流表，则需（ ）的电阻。

A．串联一只 0.05 Ω　　B．并联一只 0.05 Ω

C．串联一只 0.5 Ω　　D．并联一只 0.5 Ω

2. 在测量较大电流时，电流表应串联在被测电路中的（ ）。

A．低电位端　　B．高电位端　　C．任意一点　　D．中央

3. 若电压表量程需要扩大 m 倍，所串联的分压电阻应为测量机构内阻的（ ）倍。

A．$m-1$　　B．$m+1$　　C．$1+m^2$　　D．$1-m$

4. 共用式分压电路的优点是（ ）。

A．各量程互不影响　B．准确度高　　C．灵敏度高　　D．节约材料

5. 电压灵敏度的单位是（ ）。

A．Ω・V　　B．V/Ω　　C．Ω/V　　D．V

6. 选择电压表量程时，指针指在仪表标度尺满刻度的（ ）为宜。

A．后三分之一段　B．前三分之一段　C．中间段　　D．起始段

7. 测量直流电压时，应选用（ ）仪表。

A．磁电系　　B．电磁系　　C．整流系　　D．电动系

四、简答题

1. 简述电压灵敏度的含义及作用。

2．一块仪表上标有 DC 20 000 Ω/V，试说出它的名称和含义。

3．若误将电压表串联接入电路中，会造成怎样的后果？

五、计算题

1．已知一磁电系测量机构的满刻度电流为 500 μA，内阻为 200 Ω，现需要将其改制成 10 A 的电流表，应如何改造？

2．现有一内阻为 1 kΩ、满刻度电流为 50 μA 的磁电系测量机构，若要用它测量 50 V 以下的电压，应如何扩大其量程？求其分压电阻的阻值，并画出电路图。

3．某一磁电系测量机构，已知它的满刻度电流为 200 μA，内阻为 300 Ω，如果要将其改制成具有 60 V 量程和 120 V 量程的两量程电压表，求两量程的分压电阻阻值分别为多少？

§2–3　数字式电压基本表

一、填空题（将正确的答案填写在横线上）

1．数字仪表的核心是________________________。

2．基准电压源的作用是向________________提供一个稳定的__________________，其准确度和稳定度将直接影响转换器的____________。

3．液晶显示器本身____________，只能反射______________。环境亮度越高，显示越________。

4．一般数字式电压基本表由____________、__________________、__________________、__________________、计数器、译码驱动器、数字显示器、时钟脉冲发生器和______九部分组成。数字式电压基本表的核心是__________________。

5．液晶显示器若采用_________或_____________较大的交流驱动，将会使液晶材料发生________，导致出现________而变质。

6．数字式电压基本表能避免人为的__________，保证读数的___________与____________。

7．数字式电压基本表在__________________________1 个字所代表的数值能反映仪表__________的高低，且随显示位数的增加而________。

8．在数字式电压基本表的基础上可扩展成各种通用及专用数字仪表，以满足不同的需要。例如，通过增加____________就可以测量交直流电压、电流。

9．______位以下的数字式电压基本表大多采用积分式 A/D 转换器。

二、判断题（正确的在括号内打“√”，错误的打“×”）

1．CC7106 型 A/D 转换器共 40 个引脚。（　　）

2．CC7106 型 A/D 转换器是一种 $3\frac{1}{2}$ 位 A/D 转换器。（　　）

3．液晶显示器的特点是发光亮度高、功耗大。（　　）

4．LED 显示器适用于安装式的数字仪表。（　　）

5．液晶显示器的特点是驱动电压低、工作电流小，可直接用 CMOS 集成电路驱动。（　　）

6．数字式电压基本表的准确度远优于指针式电压表。（　　）

7．数字式电压基本表的灵敏度通常用电压灵敏度来表示。（　　）

8．数字式电压基本表的输入阻抗低。（　　）

三、选择题（将正确答案的序号填入括号中）

1．能把被测模拟量转换成数字量的装置是（　　）。

A．逻辑控制器　　B．译码驱动器　　C．计数器　　D．A/D 转换器

2．数字式电压基本表的测量速率取决于（　　）。

A．时钟脉冲的频率　　B．基准电压的高低

C．电源电压的高低　　D．电源电压的频率

3．液晶显示器属于（　　）显示器件。

A．发光　　B．无源　　C．有源　　D．电源

4．液晶显示器必须用（　　）电压驱动。

A．直流　　B．脉动直流

C．频率为 50 Hz 的正弦交流　　D．频率为 30～200 Hz 的方波

5．（　　）是仪表的中枢，用以控制 A/D 转换的顺序，保证测量的正常进行。

A．基准电压源　　B．数字显示器

C．逻辑控制器　　D．译码驱动器

四、简答题

1．CC7106 型 A/D 转换器的主要特点有哪些？

2．数字式电压基本表的特点有哪些？

§2–4　数字式直流电压表和电流表

一、填空题（将正确的答案填写在横线上）

1．数字仪表的共同之处在于都是由____________组成，都是将被测的________转换成________，最终由____________来显示被测量的数值。

2．数字式直流仪表可选配_______通信接口，通过标准的__________协议，与各种组态系统兼容，从而把前端采集到的___________实时传送给系统数据中心。

3．当被测量的电压值在仪表范围内时，数字式直流电压表可______接入。如果被测量值超出范围，则需通过________________接入。

4．当被测量的电流值在仪表范围内时，数字式直流电流表可______接入。如果被测量值超出范围，则需通过________或穿孔式_________________接入。

二、作图题

1．绘制单相数字式直流电压表直接接入测量电路和通过霍尔传感器接入测量电路的接线图。

2．绘制单相数字式直流电流表直接接入测量电路、通过分流器接入测量电路和通过霍尔传感器接入测量电路的接线图。

第三章　交流电流和交流电压的测量

§3–1　电磁系测量机构和整流系测量机构

一、填空题（将正确的答案填写在横线上）

1．电磁系测量机构主要由__________和______________组成。

2．根据结构形式的不同，电磁系测量机构可分为_______型和_______型两种。

3．电磁系仪表的优点是：①既可测量__________，又可测量____________；②可直接测量____________，____________，____________，____________。缺点是：①标度尺刻度__________；②易受________影响。

4．电磁系仪表过载能力强是由于被测电流不经过_______进入线圈，因此可以选择导线较_______的固定线圈。

5．为了减小外磁场的影响，电磁系测量机构中常采用__________和____________的方法。

6．由______________和________组成的测量机构称为整流系测量机构。

7．交流电有效值与平均值之间的关系是：半波整流电路的$I_{有效}$=_______$I_{平均}$，全波整流电路的$I_{有效}$=_______$I_{平均}$。

8．半波整流电路中，与测量机构串联的 VD1 是_______二极管，它的作用是将输入的交流电流变成________________，送入磁电系微安表。二极管 VD2 是_______二极管，可以防止输入交流电压在负半周时__________整流二极管 VD1。

9．整流系仪表因整流元件_____________，受________的影响大，所以准确度较低，一般在_______级以下。做成万用表测量交流电压时，准确度一般在___级左右。

二、判断题（正确的在括号内打“√”，错误的打“×”）

1．电磁系测量机构既能测量交流，又能测量直流。（　　）

2．电磁系电流表的刻度是均匀的。（　　）

3．电磁系电压表的刻度是不均匀的。（　　）

4．交流电的大小通常是指交流电的有效值。（　　）

5．在外加电压相同的情况下，应用全波整流电路的仪表的灵敏度比应用半波整流电路的仪表更高。（　　）

6．如果整流系交流电压表测量的不是正弦波，将会产生波形误差。（　　）

7．整流系仪表只能用来测量交流电，不能测量直流电。（　　）

三、选择题（将正确答案的序号填入括号中）

1．电磁系测量机构中采用了（　　）阻尼器。

A．空气　　B．铝线框　　C．磁感应　　D．线圈

2．电磁系仪表刻度不均匀的原因是电磁系测量机构（　　）。

A．可以交直流两用

B．本身的磁场很弱

C．过载能力很强

D．指针的偏转角与被测电流的平方成正比

3．为了减小外磁场的影响，可将电磁系测量机构装在用（　　）良好的材料做成的屏蔽罩内。

A．导电性能　　B．导磁性能

C．绝缘性能　　D．耐热性能

4．电磁系测量机构中采用无定位结构是为了（　　）。

A．减小外磁场的影响　　B．提高仪表的过载能力

C．提高仪表的灵敏度　　D．使仪表刻度均匀

5．整流系仪表中的全波整流电路通常由（　　）个整流元件构成。

A．2　　B．3　　C．4　　D．5

四、简答题

1．电磁系仪表的标度尺与磁电系仪表的标度尺有什么不同？为什么？

2．简述电磁系仪表的工作原理。

3．电磁系仪表的优点之一是可以交直流两用，但为何测量直流电量时选用磁电系仪表的情况较多？

§3-2　指针式交流电流表和电压表

一、填空题（将正确答案填写在横线上）

1．电磁系交流电流表通常由________________________组成。

2．安装式电磁系交流电流表一般制成______量程的，并且最大量程不超过______A。当测量较大的交流电流时，仪表必须与________________配合使用。

3．便携式电磁系交流电流表一般制成______量程，扩大电流表量程的方法通常是将固定线圈分成______段，然后利用分段线圈进行____________来实现。

4．电磁系交流电压表由____________________与______________两者________组成。

5．交流电流的测量可分为____________和____________。

二、判断题（正确的，在括号内打"√"；错误的，在括号内打"×"）

1．目前安装式交流电流表大多采用磁电系电流表。（　　）

2．电磁系测量机构本身就能作为电磁系交流电流表使用。（　　）

3．电磁系交流电流表通常采用并联分流电阻的方法来扩大量程。（　　）

4．电磁系交流电压表内固定线圈的匝数一般较多。（　　）

5．安装式电磁系交流电压表的最大量程通常不超过 100 V。（　　）

三、选择题（将正确答案的序号填入括号中）

1．安装式电磁系交流电压表通常制成（　　）量程的。

A．多　　B．双　　C．单　　D．无

2．电磁系交流电压表一般不适合制成（　　）量程的。

A．高　　B．低　　C．中　　D．以上选项均正确

3．为了保证足够的励磁磁动势，要求电磁系交流电压表固定线圈的匝数尽量（　　）。

A．少　　B．多　　C．适中　　D．以上选项均正确

4．若误将交流电流表接成（　　），会造成电路短路并烧毁电流表。

A．串联　　B．并联　　C．高电位端　　D．低电位端

四、简答题

1．为什么安装式电磁系交流电流表的最大量程不能超过 200 A？

2. 为什么便携式电磁系交流电流表不能采用并联分流电阻的方法扩大量程?

五、作图题

画出双量程电磁系交流电流表的原理电路。

§3–3　数字式交流电压表和电流表

一、填空题（将正确的答案填写在横线上）

1. 在数字式交流仪表中，为了提高测量的__________和__________，一般先将被测交流电压________，经__________转换器变换成__________，再送入__________中进行显示。

2. 在线性 AC/DC 转换器中，由于运算放大器 062 的作用，避免了________在____________时所引起的__________，保证了仪表测量的准确性。

3. 数字式交流电流表是将____________________与负载______联组成的，显示的是流经负载的电流值。

4. SPC 系列数字式交流仪表只要简单地增加一套基于________（或________）的监控软件，就可以构成一套电力监控系统。

5. 三相智能电力仪表是一种能够采集多种配电信息，具备____________和_______功能的高性能数字智能电力仪表。

6. 在三相智能电力仪表的使用中，电压输入端的相线上须加装__________或小型_______________。

7．在三相智能电力仪表的使用中，拆除仪表或修改电流输入连接线之前，一定要确保一次回路________或者________电流互感器二次回路。

二、判断题（正确的在括号内打“√”，错误的打“×”）

1．在数字式交流电压表的测量电路中，线性 AC/DC 转换器和 A/D 转换器是同一个转换器。（　　）

2．SPC–96B 系列单相交流电压表可设置仪表电压互感器参数，用于不同电压等级的交流系统。（　　）

3．SPC–96B 系列单相交流电流表配有 RS485 通信接口，通过标准的 Modbus–RTU 协议，可与各种组态系统兼容，把前端采集到的电流量传送给系统数据中心。（　　）

4．在三相智能电力仪表接线的过程中，应确保输入电压与输入电流相对应，保证相号和相序一致，否则会导致测量数据和符号错误。（　　）

5．在三相智能电力仪表接线的过程中，如果使用的电流互感器上接有其他仪表，应采用并联方式连接该回路所有仪表。（　　）

三、选择题（将正确答案的序号填入括号中）

1．在如图 3–1 所示的数字式交流电压表测量电路中，运算放大器 062、二极管 VD7、VD8 和电阻、电容等组成线性的（　　）电路。

A．稳压　　B．滤波　　C．模 / 数转换　　D．均值检波

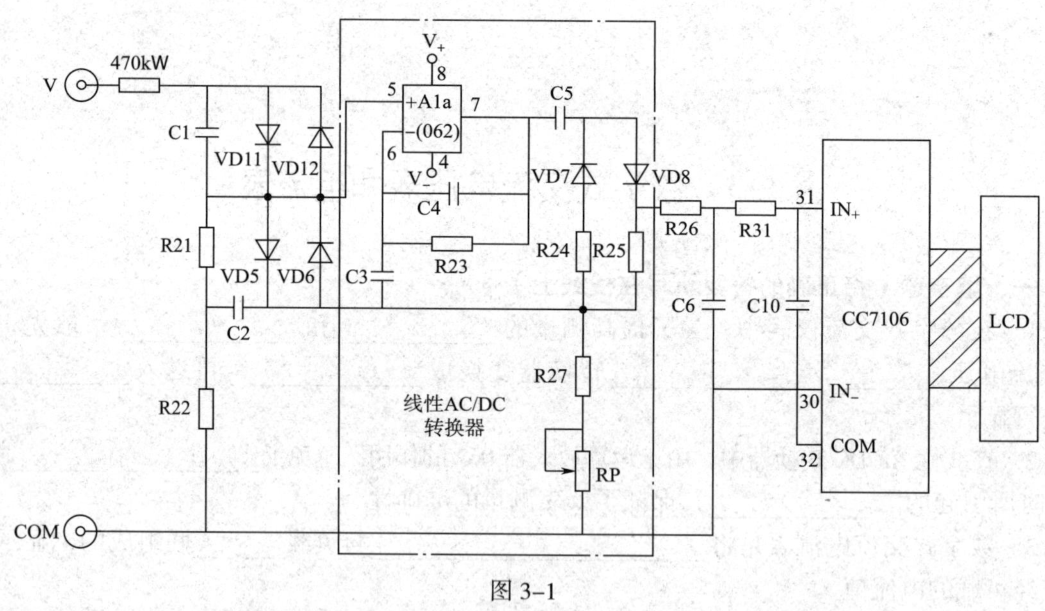

图 3–1

2．在如图 3–1 所示的数字式交流电压表测量电路中，二极管 VD5、VD6、VD11、VD12 接在 AC/DC 转换器输入端作（　　）保护。

A．过载　　B．短路　　C．双向过压　　D．双向过流

3．在如图 3–1 所示的数字式交流电压表测量电路中，R26、C6、R31、C10 构成（　　）。

A．阻容滤波器　　B．耦合电路　　C．稳压电路　　D．短路保护电路

4．在如图 3–1 所示的数字式交流电压表测量电路中，RP 用于调节交流电压测量的（　　）。

A．精度　　B．灵敏度　　C．数值大小　　D．范围

5．三相智能电力仪表接线时，电流互感器出线上不要加装（　　）或小型空气断路器。

A．熔丝　　B．接触器　　C．热继电器　　D．按钮

四、简答题

1．SPC–96B 系列数字式交流仪表有哪些功能？

2．三相智能电力仪表可测量的电力参数有哪些？

§3–4　交流测量用互感器

一、填空题（将正确的答案填写在横线上）

1．交流测量用互感器是用来按比例变换____________或____________的仪器。它包括变换交流电压的____________和变换交流电流的______________。

2．数字式电流表因内含______________，可以通过按键直接设置数字式电流表的______。同理，数字式电压表因内含______________，可以通过按键直接设置数字式电压表的________。

3．电压互感器实际上是一个______变压器，它能将一次侧的_______变换成二次侧的_________。

4．电压互感器的正常工作状态接近于变压器的_______状态。

5．电压互感器二次侧的额定电压一般为_______V，电流互感器二次侧的额定电流为_______A。

6．电压互感器的一次侧、二次侧在运行中不允许______，因此，在它的一次侧、二次侧应装设__________。

二、判断题（正确的在括号内打“√”，错误的打“×”）

1．电流互感器实际上是一个降压变压器。（　　）

2．电压互感器的一次侧、二次侧都必须可靠接地。（　　）

3．电流互感器的一次侧、二次侧都应装设熔断器。（　　）

4．一般来说，电流互感器一次侧的匝数比二次侧的匝数少得多。（　　）

5．电流互感器的铁芯和二次侧的一端必须可靠接地。（　　）

6．接在同一电流互感器上的仪表不能太多。（　　）

三、选择题（将正确答案的序号填入括号中）

1．电流互感器在正常工作时，接近于变压器的（　　）状态。

A．开路　B．短路　C．击穿　D．满载

2．电流互感器的一次侧的匝数一般（　　）。

A．很多　B．较多　C．有几十匝　D．有一匝到几匝

3．电流互感器的二次侧回路（　　）。

A．必须装熔断器　B．严禁加装熔断器

C．不允许短路　D．严禁加装短路开关

4．电流互感器在运行中需拆除或更换仪表时，应先将（　　），再进行操作。

A．一次侧短路　B．一次侧开路

C．二次侧短路　D．二次侧开路

5．SPKH 系列开口式电流互感器专为改造项目而设计，安装时无须（　　）。

A．接线　B．穿线　C．安装　D．设置

四、简答题

1．交流测量用互感器的作用是什么？

2．为什么电压互感器的一次侧、二次侧都必须加装熔断器，而电流互感器的二次侧却不能加装熔断器？

五、作图题

1．绘制电流互感器的接线图。

2．绘制电压互感器的接线图。

§3-5　钳形电流表

一、填空题（将正确的答案填写在横线上）

1．钳形电流表的最大优点是能在__________、____________的情况下测量电流。

2．常用的钳形电流表有__________钳形电流表和__________钳形电流表两种。

3．指针互感器式钳形电流表由______________和________________组成，它的标度尺一般是直接按__________电流进行刻度的。

4．数字互感器式钳形电流表由____________和________________________组成。

5．电磁系钳形电流表主要由____________________组成。

6．用钳形电流表测量 5 A 以下的较小电流时，为确保读数准确，在条件允许的情况下，可将被测导线____________再放入钳口进行测量，被测的实际电流值应等于仪表读数______放进导线的圈数。

7．互感器式钳形电流表只能用于测量________电流，而电磁系钳形电流表可以测量________电流。

二、判断题（正确的在括号内打“√”，错误的打“×”）

1．用钳形电流表测量电流时，不必切断被测电路，所以非常方便。 （ ）

2．钳形电流表的准确度等级一般在 0.5 级以上。 （ ）

3．钳形电流表使用完毕后，必须将其量程开关置于最大量程位置。 （ ）

4．电磁系钳形电流表可以测量运行中的绕线式异步电动机的转子电流。 （ ）

5．UT202 A+ 型数字式钳形电流表不仅可用于测量交流电流，还可以测量交直流电压、电阻，判断二极管及电路通断等。 （ ）

三、选择题（将正确答案的序号填入括号中）

1．钳形电流表的优点是（ ）。

A．准确度高　　B．灵敏度高

C．可以交直流两用　　D．可以不切断电路测电流

2．使用钳形电流表时，下列操作中错误的是（ ）。

A．测量前先估计被测量的大小

B．测量时将导线放在钳口中央

C．测量小电流时，允许将被测导线在钳口内多绕几圈

D．测量完毕，可将量程开关置于任意位置

3．MG28 型钳形电流表（ ）电流。

A．只能测量交流　　B．只能测量直流

C．只能测量脉动直流　　D．能测量交直流

4．MG3 型钳形电流表（ ）电流。

A．只能测量交流　　B．只能测量直流

C．只能测量脉动直流　　D．能测量交直流

5．用 UT202 A+ 型数字式钳形电流表测量电流时，LCD 显示屏显示“OL”，表示（ ）。

A．只能测量交流　　B．只能测量直流

C．被测电量已超量程　　D．量程选择过大

四、简答题

1．简述正确使用数字式钳形电流表测量负载电流的方法。

2．简述钳形电流表的使用注意事项。

§3–6　电流表和电压表的选择

一、填空题（将正确的答案填写在横线上）

1．在选择电流表和电压表时，应关注仪表的__________、__________、____________、____________、____________及______________等方面，既全面又有所侧重地进行选择。

2．0.1 级或 0.2 级的仪表一般作为____________或进行____________，0.5 级或 1.0 级的仪表一般用于____________，一般的工程测量可选用______级以下的仪表。

3．电流表在使用时与被测电路____联，电压表在使用时与被测电路____联。

4．使用直流电流表时，要注意使被测电流从电流表的____端流入，____端流出。

5．选择仪表内阻时，要求电流表内阻尽量______些。

6．____________关系到数字仪表的测量精度。一般来说，显示位数越______，测量越________，价格也越____。

7．所有数字仪表都需要工作电源，主要有________、__________、_________________开关电源、__________和__________。

二、判断题（正确的在括号内打“√”，错误的打“×”）

1．测量直流电流时，应选择磁电系电流表。（　　）

2．要测量某一电路中的电流，必须将电流表与该电路并联。（　　）

3．电压表的内阻应尽量大些。（　　）

4．实验室使用的仪表一般可选择安装式仪表，工厂车间则多使用便携式仪表。（　　）

三、选择题（将正确答案的序号填入括号中）

1．若要求精确测量交流电流时，应选用（　　）仪表。

A．磁电系　　B．电磁系　　C．整流系　　D．电动系

2．选择与电流表配合使用的电流互感器时，要求其准确度等级比电流表本身的准确度等级（　　）。

A．高 0.1 级　　B．低 0.1 级　　C．高 1～2 挡　　D．高 2～3 挡

3．选择电流表量程时，一般把被测量范围选择在仪表标度尺满刻度的（　　）。

A．起始段　　B．中间段　　C．任意位置　　D．2/3 以上范围内

4．对仪表准确度的要求是（　　）。

A．越高越好　　B．越低越好

C．满足要求即可　　D．不必考虑

5．在无法估计被测量大小时，应先选用仪表的（　　）测试，再逐步换成合适的量程。

A．最小量程　　B．最大量程　　C．中间量程　　D．空挡

6．数字仪表使用前，必须清楚测量信号的性质，否则仪表不能使用，甚至会损坏仪表及原有设备。例如，输入信号为 DC 0～75 mV 的电流表，输入信号是（　　）信号。

A．电流　　B．电压　　C．电阻　　D．功率

四、简答题

1．若误用电流表测量电路的电压会产生什么后果？

2．若误用电压表测量电路的电流会产生什么后果？

第四章 电阻的测量

§4-1 常用的电阻测量方法

一、填空题（将正确的答案填写在横线上）

1. 实际工作中，通常将电阻按阻值大小分为______电阻、______电阻和______电阻。

2. 按测量方式的不同，测量电阻的方法有__________、__________和__________三种。

3. 用万用表测量电阻属于________法，这种方法的优点是____________、____________，缺点是____________，一些直读式仪表会受到仪表内部电源电压的影响。

4. 把被测电阻接上直流电源，然后用电压表和电流表分别测得电阻两端的______和通过电阻的______，再根据________计算出被测电阻的方法，称为伏安法。伏安法测电阻的缺点是：______________，__________________；优点是能测量________状态下元器件的电阻，尤其适用于测量____________的电阻。

二、判断题（正确的在括号内打“√”，错误的打“×”）

1. 1 Ω 以下的电阻称为小电阻。（　　）

2. 1 Ω～0.1 MΩ 的电阻称为中电阻。（　　）

3. 用兆欧表测量电阻属于比较法。（　　）

4. 用万用表测量电阻的准确度较高。（　　）

5. 由于伏安法测量电阻不但需要计算，而且误差较大，故没有实际意义。（　　）

三、选择题（将正确答案的序号填入括号中）

1. 工程中测量的电阻阻值一般为（　　）Ω。

A. 1×10^{-12}～1×10^{12}　　B. 1×10^{-6}～1×10^{10}

C. 1×10^{-6}～1×10^{6}　　D. 1×10^{-6}～1×10^{12}

2. 低电阻测试仪主要用于测量（　　）电阻。

A. 大　　B. 中、小　　C. 小　　D. 任何

3. 万用表主要用于测量（　　）。

A. 大电阻　　B. 中电阻　　C. 小电阻　　D. 任何电阻

4. 用伏安法测电阻属于（　　）。

A. 直接法　　B. 间接法　　C. 前接法　　D. 比较法

5. 使用伏安法测电阻时，采用“电压表前接电路”或者“电压表后接电路”，其目的是（　　）。

A. 防止烧坏电压表　　B. 提高电压表的灵敏度

C. 防止烧坏电流表　　D. 提高测量的准确度

四、简答题

1．在什么情况下应采用电压表前接电路？为什么？

2．在什么情况下应采用电压表后接电路？为什么？

§4–2　兆欧表和绝缘电阻测试仪

一、填空题（将正确的答案填写在横线上）

1．兆欧表主要由____________________、____________________以及____________组成。

2．选择兆欧表的原则是：额定电压一定要与被测电气设备或线路的__________相适应；测量范围要与被测__________的范围相符合。

3．若兆欧表的额定电压远高于被测设备的工作电压，容易造成被测设备绝缘的________；若兆欧表的额定电压低于被测设备的工作电压，则不能________反映被测设备在工作电压下的绝缘阻值。

4．测量绝缘电阻必须在被测设备和线路______的状态下进行。对含有大电容的设备，测量前应先进行______，测量后也应及时______，以保证人身安全。

5．测量设备的绝缘电阻时，应记录测量时的______、______、被测设备的状况等，以便于分析测量结果。

6．测量具有大电容设备的绝缘电阻时，读数后不能__________摇动兆欧表，应在读数后一边降低__________，一边拆去________。在兆欧表停止转动和被测设备充分放电之前，不能用手触及被测设备的____________。

7．UT501A 型绝缘电阻测试仪是一款智能微型仪器，适用于测量____________、__________、________、________等各种电气设备及__________________的绝缘电阻。

8．用 UT501A 型绝缘电阻测试仪测量绝缘电阻时，若 LCD 显示屏显示“> 5.5 GΩ”，表示测量的绝缘电阻＿＿＿＿＿＿＿＿＿＿。

二、判断题（正确的在括号内打“√”，错误的打“×”）

1．UT501A 型绝缘电阻测试仪在完成绝缘电阻测量后，被测电路中储存的电荷必须加以释放。（　　）

2．电气设备的绝缘电阻可用万用表的 R×10 k 挡测量。（　　）

3．兆欧表的测量机构通常采用磁电系比率表。（　　）

4．兆欧表测量机构气隙内的磁场是非均匀磁场。（　　）

5．用兆欧表测量电气设备对地的绝缘电阻时，应将接线柱 L 接到被测设备上，接线柱 E 可靠接地即可。（　　）

三、选择题（将正确答案的序号填入括号中）

1．UT501A 型绝缘电阻测试仪 LCD 显示屏上的“⚡”符号表示（　　）。

A．高压提示　B．低压提示　C．有电危险　D．禁止触摸

2．测量电气设备的绝缘电阻可选用（　　）。

A．万用表　B．电桥　C．兆欧表　D．伏安法

3．磁电系比率表指针的偏转角与（　　）有关。

A．两个线圈中电流的大小　B．手摇发电机电压的高低

C．两个线圈中电流的比率　D．游丝的倔强系数

4．兆欧表的额定转速为（　　）r/min。

A．50　B．80　C．120　D．150

5．兆欧表与被测设备间的连接导线应用（　　）。

A．双股绝缘线　B．绞线

C．任意导线　D．单股线分开单独连接

6．使用兆欧表测量绝缘电阻前，（　　）。

A．要串联接入被测电路　B．不必切断被测设备的电源

C．要并联接入被测电路　D．必须先切断被测设备的电源

7．兆欧表屏蔽的作用是（　　）。

A．屏蔽绝缘材料表面的漏电电流　B．屏蔽外界干扰磁场

C．保护兆欧表，以免其线圈被烧毁　D．屏蔽外界干扰电场

8．测量额定电压为 380 V 的发电机线圈绝缘电阻，应选用额定电压为（　　）V 的兆欧表。

A．380　B．500　C．1 000　D．2 500

四、简答题

1．怎样判断兆欧表是否有故障?

2. 简述用绝缘电阻测试仪测量绝缘电阻的方法和步骤。

§4–3 直流单臂电桥和直流低电阻测试仪

一、填空题（将正确的答案填写在横线上）

1. 电桥是一种________式仪表，它是用__________很高的元器件作为标准量，然后用______的方法去测量电阻、电感、电容等电路参数。

2. 直流低电阻测试仪又称________________、_________或______________，可用于测量各种______________，检测各类_________________等。

3. 直流单臂电桥又称_____________电桥，是一种专门测量____________的___________仪器。

4. 电桥平衡的条件是______________________________________，电桥平衡的特点是检流计中的电流为______。

5. UT620A 型直流低电阻测试仪采用___________技术，是专门用于测量_______________的仪器，对各种线圈电阻的测量精度较高。

6. UT620A 型直流低电阻测试仪工作时，若 LCD 显示屏出现______符号，应及时插上电源适配器，以防止突然断电导致测试仪损坏或_________。

二、判断题（正确的在括号内打“√”，错误的打“×”）

1. UT620A 型直流低电阻测试仪使用了充电电池，第一次使用前，必须充电 10 h 以上方可使用。（ ）

2. 使用 UT620A 型直流低电阻测试仪前需按下“ZERO”按键进行清零。（ ）

3. 用直流单臂电桥测量一估算值为几十欧的电阻时，比较臂应选用 ×0.01 挡。（ ）

4. 用电桥测量电阻的方法属于比较测量法。（ ）

5. 用电桥测量电阻的准确度较高。（ ）

6. 只要电桥上检流计的指针指零，电桥就一定平衡。（ ）

三、选择题（将正确答案的序号填入括号中）

1．直流低电阻测试仪 LCD 显示屏显示的“HOLD”符号是（　　）。

A．读数保持提示符　　B．记录数据已满提示符

C．比较功能提示符　　D．自动量程提示符

2．欲精确测量中电阻的阻值，应选用（　　）。

A．万用表　　B．兆欧表　　C．单臂电桥　　D．双臂电桥

3．用直流单臂电桥测量电感线圈的直流电阻时，应（　　）。

A．先按下电源按钮，再按下检流计按钮

B．先按下检流计按钮，再按下电源按钮

C．同时按下电源按钮和检流计按钮

D．任意按下电源按钮和检流计按钮中的一个

4．用直流单臂电桥测量一估算值为 500 Ω 的电阻时，比例臂应选择（　　）挡。

A．×0.1　　B．×1　　C．×10　　D．×100

5．用直流单臂电桥测量电阻时，若发现检流计指针向“+”方向偏转，则需要（　　）。

A．增大比例臂电阻　　B．减小比例臂电阻

C．增大比较臂电阻　　D．减小比较臂电阻

6．直流单臂电桥使用完毕，应先断开检流计按钮，（　　）。

A．再将检流计锁扣锁上，再拆除被测电阻，最后切断电源

B．再将检流计锁扣锁上，再切断电源，最后拆除被测电阻

C．再断开电源按钮，然后拆除被测电阻，最后将检流计锁扣锁上

D．再拆除被测电阻，再切断电源，最后将检流计锁扣锁上

7．电桥的电池电压不足时，将影响电桥的（　　）。

A．准确度　　B．灵敏度

C．平衡　　D．测量范围

8．电桥使用完毕，要将检流计锁扣锁上，以防（　　）。

A．电桥出现误差　　B．破坏电桥平衡

C．电桥灵敏度下降　　D．搬运时振坏检流计

9．用 QJ23 型直流单臂电桥测量一电阻，比例臂选择 ×0.01 挡，电桥平衡后，比较臂的指示依次为：×1→2 、×10→4 、×100→0 、×1 000→1，则该电阻的阻值是（　　）Ω。

A．1.042　　B．10.42　　C．104.2　　D．1 042

四、简答题

1．如何维护直流低电阻测试仪？

2．简述表 4-1 中 UT620A 型直流低电阻测试仪的 LCD 显示屏显示符号的含义。

表 4-1

序号	符号	含义	序号	符号	含义
1	START		5		
2	USB		6	ZERO	
3			7	FT	
4	COMP		8	AUTO	

3．提高电桥准确度的条件是什么？

4．简述用直流单臂电桥测量一估算值为 25 Ω 电阻的步骤。

§4-4　接地电阻测试仪

一、填空题（将正确的答案填写在横线上）

1．接地装置的接地电阻包括____________电阻、__________电阻、接地体与土壤的______电阻，以及接地体与零电位之间的______电阻。实际上，接地电阻的大小主要与接地体和大地的接触______及接触是否良好有关，还与土壤的______及________有关。

2. 电气设备接地的目的是保证______和__________的安全，以及________________。如果接地电阻不符合要求，不但安全得不到保证，还会造成严重的______。

3. UT522 型接地电阻测试仪摒弃了传统的人工_______________工作方式，采用大规模_____________，应用____________变换技术，可做精密的__________测量，也可做简易的__________测量。

4. UT522 型接地电阻测试仪将 P 端和 C 端辅助接地钉打到地深处，使其与待测设备排列成一条直线，且彼此间隔____～____ m。

5. UT275 型钳形接地电阻测试仪在测量__________的接地系统时，不需要________接地引下线，不需要____________，安全快捷，使用方便。

6. 一般输电线路杆塔接地构成的________________，可直接使用钳形接地电阻测试仪进行测量。

二、判断题（正确的在括号内打“√”，错误的打“×”）

1. 接地体和接地线统称为接地装置。（　　）

2. 在变压器中性点接地电阻的测量中，如果有重复接地，则构成单点接地系统，如果无重复接地，则是多点接地系统。（　　）

3. UT522 型接地电阻测试仪由 LCD 显示屏、功能按键、测试连接端口和手摇直流发电机组成。（　　）

4. 使用钳形接地电阻测试仪时，测量点的选择很关键，同一根接地体若测量点不同，会得到不同的测量结果。（　　）

三、选择题（将正确答案的序号填入括号中）

1. 为了保证电气设备的安全和正常运行，电气设备的某些（　　）部分应与接地体用接地线进行连接，称为接地。

A．操作　　B．绝缘　　C．外壳　　D．金属

2.（　　）测量接地装置的接地电阻是安全用电的保障。

A．每天　　B．每周　　C．定期　　D．不定期

3. 用 UT522 型接地电阻测试仪进行简易测量时，（　　）可以作为一个电极使用。

A．外壳　　B．非金属物件　　C．导线　　D．供电线路公共地

四、简答题

1. 接地电阻测试仪有哪些分类方式？

2. 用 UT522 型接地电阻测试仪进行二线式测量和三线式测量有什么区别？

3．钳形接地电阻测试仪有什么特点？

4．简述数字式接地电阻测试仪的使用注意事项。

第五章　万　用　表

§5-1　指针式万用表

一、填空题（将正确的答案填写在横线上）

1．常用的万用表有_________式和_________式两种。

2．一般情况下，万用表以测量_______、_______、_______为主要目的。

3．万用表的灵敏度通常用____________来表示，其单位是_______。

4．万用表所用的转换开关中，固定触点称为_______，可动触点称为_______。

5．万用表直流电流测量电路采用了_________分流电路，它实质上就是一个多量程的___________。

6．万用表直流电压测量电路实质上是一只多量程的_______________，它采用了_________分压电路。

7．MF47 型模拟式万用表的交流电压测量电路采用了_________整流电路。

8．欧姆表的有效使用范围在_______倍欧姆中心值的刻度范围内，若测量值超出该范围将会引起____________。

9．扩大万用表欧姆量程的措施有：①保持电池电压不变，改变______________；②________________。

10．选择电流或电压量程时，最好使指针处在标度尺___________的范围内；选择电阻量程时，最好使指针处在标度尺的_________位置附近，这样做的目的是尽量减小____________。

11．在进行较高电压测量时，一定要注意_____和_____的安全。在进行高电压及大电流测量时，严禁_______切换转换开关，否则有可能________________。

二、判断题（正确的在括号内打"√"，错误的打"×"）

1．万用表所用测量机构的满偏电流越大越好。（　　）

2．指针式万用表中的转换开关大多采用多刀多掷开关。（　　）

3．指针式万用表的测量机构应采用电磁系直流微安表。（　　）

4．万用表的基本工作原理仅建立在欧姆定律的基础之上。（　　）

5．万用表测量电阻的实质是测量电流。（　　）

6．指针式万用表交流电压测量电路是在整流系仪表的基础上串联分流电阻组成的。（　　）

7．万用表欧姆量程的扩大是通过改变欧姆中心值来实现的。（　　）

8．在实际测量中，万用表欧姆挡可以测量 0～∞之间任意阻值的电阻。（　　）

三、选择题（将正确答案的序号填入括号中）

1．指针式万用表测量线路所使用的元器件主要有（　　）等。

A．游丝、磁铁、线圈　　　　B．转换开关、电阻、二极管

C．转换开关、磁铁、电阻　　　　　　D．电阻、整流元件、电容器

2．指针式万用表中转换开关的作用是（　　）。

A．把各种不同的被测电量转换为微小的直流电流

B．把过渡电量转换为指针的偏转角

C．把测量线路转换为所需要的测量种类和量程

D．把过渡电量转换为所需要的测量种类和量程

3．整流系仪表主要用于测量（　　）电流。

A．直流　　　　B．交流　　　　C．交直流　　　　D．高频

4．万用表交流电压挡的读数是正弦交流电的（　　）。

A．最大值　　　B．瞬时值　　　C．平均值　　　　D．有效值

5．万用表欧姆标度尺中心位置的值表示（　　）。

A．欧姆表的总内阻　　　　　　　　B．欧姆表的总电源

C．该挡欧姆表的总内阻　　　　　　D．该挡欧姆表的总电源

6．一般万用表的 R×10 k 挡采用（　　）的方法来扩大欧姆量程。

A．改变分流电阻值

B．提高电池电压

C．保持电池电压不变，改变分流电阻阻值

D．降低电池电压

7．欧姆表的标度尺刻度（　　）。

A．与电流表刻度相同，而且是均匀的

B．与电流表刻度相同，而且是不均匀的

C．与电流表刻度相反，而且是均匀的

D．与电流表刻度相反，而且是不均匀的

8．万用表进行欧姆调零时，如果欧姆调零旋钮到了右边的尽头，指针还不能指在零欧姆的位置，说明（　　）。

A．万用表内的电池电量不足　　　　B．万用表电路故障

C．万用表内的电池电量较高　　　　D．欧姆调零旋钮损坏

四、简答题

1．指针式万用表一般由哪几部分组成？各部分的作用是什么？

2. 为什么说“直流电流挡是指针式万用表的基础挡”？

3. MF47 型万用表有哪些保护措施？

§5-2 指针式万用表的使用

一、填空题（将正确的答案填写在横线上）

1. 使用万用表之前要先进行________，在测量电阻之前，还要进行__________。

2. 使用万用表测量电流时，若不能估计被测电流的大小，应将转换开关拨至电流_______量程挡，然后根据______________逐步减小至合适量程。

3. 测量电流时，如果误将万用表并联在电路中，则会因表头内阻__________而造成__________，烧毁仪表。

4. 观察读数时，需要使指针和反光镜中的影子_______，这样读数才能准确。

二、判断题（正确的在括号内打“√”，错误的打“×”）

1. 严禁在被测电阻带电的情况下，用万用表欧姆挡测量电阻阻值。（　　）

2. 用万用表测量电阻时，每转换一次量程挡位，都要重新进行欧姆调零。（　　）

3. 用万用表判断二极管的极性时，应将转换开关拨至电阻量程 R×1 或 R×1 k 挡。（　　）

三、选择题（将正确答案的序号填入括号中）

1. 用万用表判断二极管极性时，万用表的黑表笔应与（　　）相接。

A. 内部电池的负极　　B. 内部电池的正极
C. 测量机构的负极　　D. 测量机构的正极

2. 万用表使用结束后，最好将转换开关置于（　　）挡位。

A. 随机　　B. 电流最大量程
C. 直流电压最大量程　　D. 交流电压最大量程

3. 用万用表电流挡测量被测电路的电流时，万用表应与被测电路（　　）。

A. 串联　　B. 并联　　C. 短接　　D. 断开

4. 若万用表的直流电压挡损坏，则（　　）也不能使用。

A. 直流电流挡　　B. 电阻挡　　C. 交流电压挡　　D. 整个万用表

四、简答题

1．如何用万用表判断电路的通断？

2．如何进行欧姆调零？

§5–3　数字式万用表

一、填空题（将正确的答案填写在横线上）

1．__________是电工指示仪表的核心，而____________________是电工数字仪表的核心。

2．在__________________的基础上增加不同的____________，就能组成各种不同用途的数字仪表，如数字式电流表、数字式电压表以及数字式万用表等。

3．数字式电压基本表的最大显示值是________，因此，量程扩大后的满量程显示值也只能是________，仅仅是________和__________________不同而已。

4．线性 AC/DC 转换器的优点是：由于运算放大器 Ala 具有放大作用，即使输入信号很弱，也能保证二极管 VD7、VD8 在较强的信号下工作，从而避免二极管在__________整流时所引起的非线性失真。

5．数字式万用表一般采用__________法测量电阻，不仅简化了电路，还保证了测量准确度。

6．若测量时输入超量程，UT890D+ 型数字式万用表的显示屏会显示________、________或________的提示符号。

7．UT890D+ 型数字式万用表，若开机后电池电量不足，LCD 显示屏上将显示______符号。

二、判断题（正确的在括号内打“√”，错误的打“×”）

1．数字式万用表直流电压测量电路利用分压电阻来扩大电压量程。（　　）

2．数字式电压基本表的输出电阻极大，故可认为电路开路。（　　）

3．数字式万用表只能测量 0～50 Hz 范围内的正弦波交流电。（　　）

4．数字式万用表的电阻挡可以用来测量三极管的 h_{FE}。（　　）

三、选择题（将正确答案的序号填入括号中）

1．数字式万用表中的快速熔断器起（　　）保护作用。

A．过流　　B．过压　　C．短路　　D．欠压

2．数字式直流电流表由数字式电压基本表与（　　）组成。

A．分压电阻串联　　B．分流电阻串联

C．分压电阻并联　　D．分流电阻并联

3．数字式直流电流表中分流电阻的作用是（　　）。

A．分流　　B．分压

C．将被测电流转换为输入电压　　D．将输入电压转换为被测电流

4．用数字式万用表测量三极管的 h_{FE} 时，规定被测三极管的 h_{FE} 值不宜超过（　　），最好在（　　）以下。

A．1 000；800　　B．1 000；500　　C．800；500　　D．800；300

四、简答题

1．数字式万用表的基本结构由哪几部分组成？各部分的作用是什么？

2．描述表 5-1 中数字式万用表各量程开关的功能。

表 5-1

开关位置	功能说明	开关位置	功能说明
V−		➔⊢（二极管）	
V~		•)))	
A−		⊣⊢（电容）	
A~		Hz	
Ω		LIVE	
hFE		NCV	
OFF			

3．若将数字式万用表的电源开关拨离“OFF”位置后，液晶显示器无显示，应如何处理？

4．UT890D+ 型数字式万用表的红表笔和黑表笔应分别插在什么位置？

§5–4　数字式万用表的使用

一、填空题（将正确的答案填写在横线上）

1．测量电压时，若不能估计被测量的大小，则应将量程开关拨至电压________量程挡位，再根据显示的电压值，逐步选择合适的量程，保证测量的________。

2．测量交直流电流时，LCD 显示屏闪烁并显示__________字符，蜂鸣器鸣叫，须更换熔丝后方可继续使用。

3．因测量二极管的实质是测量二极管 PN 结的_________，故测量前，LCD 显示屏显示“.OL”。

4．判断二极管的极性时，数字式万用表的______表笔接内部电池正极，______表笔接内部电池负极。

5．测量电容器的电容量时，应将被测电容内的______________，以免损坏万用表。

6．数字式万用表的“NCV”功能，是采用电磁或电场感应的原理判断是否有电压的存在，类似于______________的功能。

7．用数字式万用表判断相线 / 零线时，为了避免“COM”输入端干扰判断的准确程度，__________勿插入“COM”端。

8．当数字式万用表内部电池电压低于________时，LCD 显示屏显示“▙▯”电池欠压提示符号，万用表不能正常使用。

二、判断题（正确的在括号内打“√”，错误的打“×”）

1．测量电压时，万用表与被测电路串联；测量电流时，万用表与被测电路并联。（　　）

2．判断电路的通断，实质上是测量电路的电阻阻值。（　　）

3．数字式万用表的“NCV”功能，适合判断较高的交流电压，只用于判断有无交流电压的存在。（　　）

4．用数字式万用表判断相线 / 零线时，LCD 显示屏显示“LIVE”表示相线。（　　）

三、选择题（将正确答案的序号填入括号中）

1．用数字式万用表测量电阻时，红表笔插入（　　）插孔。

A．+　　B．–　　C．COM　　D．V/Ω

2．用数字式万用表测量交直流电流时，红表笔插入（　　）插孔。

A．+　　B．–　　C．mA/μA　　D．V/Ω

3．用数字式万用表判断电路通断时，如果被测电路的电阻大于（　　）Ω，则认为电路断路，蜂鸣器无声。

A．50　　B．30　　C．10　　D．5

4．当数字式万用表测量的频率信号电压小于 30 V 时，选择“Hz”挡位，测量范围为（　　）。

A．1 Hz～1 MHz　　B．1 Hz～0.1 MHz

C．10 Hz～10 MHz　　D．100 Hz～10 MHz

四、简答题

1．描述表 5–2 中数字式万用表的各符号含义。

表 5–2

符号	说明	符号	说明
≂		⚡	
⏚		CE	
⚠		▬	
⧈		▭	

2．简述用数字式万用表测量交直流电压的方法和步骤。

3．简述用数字式万用表测量直流电阻的方法和步骤。

第六章　电功率和电能的测量

§6–1　电动系测量机构

一、填空题（将正确的答案填写在横线上）

1．电动系仪表和电磁系仪表在结构上相比，最大的区别是电动系仪表用____________替代了____________，基本消除了______和______的影响，使电动系仪表的__________得到了提高。

2．电动系仪表的读数易受________的影响。因此，其线圈系统通常采用____________或________________，也可直接采用________________测量机构。

3．电动系测量机构测量交流电时，仪表指针的偏转角不仅与通过两个线圈的电流有关，还与两电流相位差的________有关。

4．铁磁电动系测量机构主要是为了克服电动系测量机构本身________________________、________________________的缺点而设计的。

5．从结构上看，铁磁电动系测量机构与____________测量机构相似，不同之处是前者用固定线圈和铁芯组成的____________代替了永久磁铁。从工作原理上看，它与__________测量机构完全相同。

二、判断题（正确的在括号内打“√”，错误的打“×”）

1．电动系测量机构是根据两个通电线圈之间产生电动力作用的原理制成的。（　　）

2．电动系仪表和电磁系仪表一样，既可以测交流，又可以测直流。（　　）

3．电动系仪表的准确度比电磁系仪表的准确度高，不易受到外磁场的干扰。（　　）

4．电动系仪表由于有固定线圈和可动线圈，因此能够测量电功率等与两个电量有关的量。（　　）

5．电动系测量机构不但能组成电流表，而且能组成功率表、相位表等多种仪表。（　　）

6．电动系电流表的标度尺刻度是均匀的。（　　）

7．电动系功率表的标度尺刻度是均匀的。（　　）

8．由于铁磁电动系测量机构的铁芯采用了铁磁材料，故具有转矩大等优点。（　　）

三、选择题（将正确答案的序号填入括号中）

1．电动系测量机构主要由（　　）组成。

A．固定磁铁和可动铁片　　B．固定磁铁和可动线圈

C．固定线圈和可动铁片　　D．固定线圈和可动线圈

2．电动系测量机构中游丝的作用是（　　）。

A．产生反作用力矩　　B．引导电流

C．产生反作用力矩和引导电流　　D．产生阻尼力矩

3．电动系测量机构的固定线圈分成两段，其目的是（　　）。

A．便于改换电压量程

B．便于改换电流量程

C．获得较均匀的磁场，并且便于更换电压量程

D．获得较均匀的磁场，并且便于更换电流量程

4．电动系电流表指针的偏转角与被测电流（　　）。

A．成正比　　B．成反比　　C．的平方成正比　D．的平方成反比

5．电动系仪表的（　　）。

A．准确度高　　B．灵敏度高　　C．功耗小　　D．受外磁场影响小

6．铁磁电动系测量机构常被用来制造（　　）。

A．便携式电流表　　B．安装式电流表

C．便携式功率表　　D．安装式功率表

7．铁磁电动系测量机构准确度低的原因是（　　）。

A．抗外磁场能力差　　B．本身磁场弱

C．存在磁滞和涡流损耗的影响　　D．没有加装防外磁场干扰的装置

四、简答题

1．简述电动系测量机构的工作原理。

2．电动系仪表有哪些优缺点？

3．为什么磁电系和电磁系仪表不能测量电功率，而电动系仪表可以测量电功率？

§6-2　指针式功率表

一、填空题（将正确的答案填写在横线上）

1．单相指针式功率表由____________和________构成。

2．单相指针式功率表把匝数____、导线____的固定线圈与负载____联，从而使通过固定线圈的电流等于负载电流，所以固定线圈又称为功率表的______线圈；而把匝数____、导线_____的可动线圈与分压电阻串联后再与负载____联，从而使加在该支路两端的电压等于负载电压，所以可动线圈又称为功率表的_____线圈。

3．选择功率表量程的原则是：电流量程__________被测电流，电压量程__________被测电压。

4．“发电机端守则”的内容是：使电流从__________的发电机端流入，电流线圈与负载_____联。使电流从_________的发电机端流入，电压线圈与负载_____联。

5．低功率因数功率表是专门用来测量____________负载功率的仪表，其工作原理与________________基本相同。

6．三相指针式有功功率表由____________的测量机构组成，故又称__________。

7．一表法适用于测量三相对称负载的__________。测量时，只要用____只功率表测出_______________的功率 P_1，则三相总功率 P=________。

8．三表法适用于测量三相四线制____________的有功功率。测量时，应用_____只单相功率表分别测出__________________，则三相总功率 P=__________。

9．__________是保障用电设备正常运行所需的功率，也就是将电能转换为其他形式能量所需的功率。__________是用于在电气设备中建立和维持磁场的功率。

10．指针式功率表不仅能测量电路的____________，改换它的____________，还能测量电路的____________。

二、判断题（正确的在括号内打“√”，错误的打“×”）

1．低功率因数功率表的结构与普通指针式功率表的结构完全相同。（　　）

2．对于三相三线制电路，不论负载是否对称，也不论负载是“Y”联结还是“△”联结，都能用两表法来测量三相负载的有功功率。（　　）

3．用两表法测量三相电路的有功功率时，每只表的读数就是每一相电路的功率数值。（　　）

4．用两表法测量三相功率时，只要三相电路完全对称，两只功率表读数一定相等。（　　）

5．单相指针式功率表标度 R 的刻度是不均匀的。（　　）

6．两表跨相法只适用于测量三相电路对称时的无功功率。（　　）

三、选择题（将正确答案的序号填入括号中）

1．电压线圈前接方式适用于负载电阻（　　）功率表电流线圈电阻的情况。

A．等于　　B．远远小于　　C．远远大于　　D．略小于

2. 在交流电路中，单相指针式功率表指针的偏转角与电路中的（　　）。

A. 电流成正比　　B. 电流的平方成正比

C. 电流的立方成正比　　D. 有功功率成正比

3. 选择功率表量程时，主要是选择（　　）。

A. 功率量程　　B. 电流量程

C. 电压量程　　D. 电流量程和电压量程

4. 如果不按照“发电机端守则”进行接线，（　　）。

A. 功率表将被烧毁　　B. 功率表指针将反转

C. 功率表损耗将增加　　D. 测量结果的误差将增大

5. 对于具有补偿线圈的低功率因数功率表，必须采用（　　）的接线方式。

A. 电压线圈前接　　B. 电压线圈后接

C. 并联　　D. 串联

6. 使用低功率因数功率表时，被测电路的功率因数（　　）功率表额定功率因数。

A. 不得大于　　B. 应大于　　C. 应远小于　　D. 应远大于

7. 用一表法测量三相电路的有功功率时，功率表的读数（　　）。

A. 表示一相的功率　　B. 表示两相的功率

C. 表示三相的功率　　D. 无任何意义

8. 三相指针式有功功率表的内部有（　　）。

A. 一组固定线圈和一个可动线圈　　B. 两组固定线圈和两个可动线圈

C. 三组固定线圈和三个可动线圈　　D. 两组固定线圈和三个可动线圈

四、简答题

1. 在图 6–1 所示的电路中，哪些电路中的功率表接线正确？哪些电路中的功率表接线错误？接线正确的电路各适用于什么情况？接线错误的电路将造成怎样的不良后果？

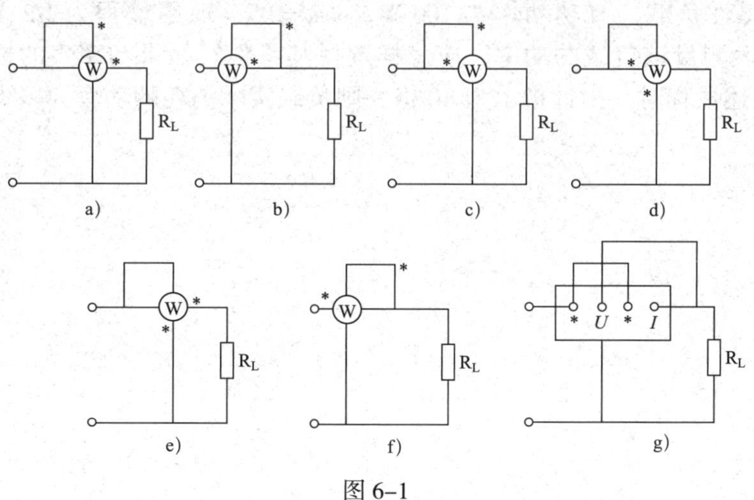

图 6–1

2．低功率因数功率表适用于什么场合？

3．绘制用两表法测三相功率的接线图，并说明其适用范围。

4．绘制两表跨相法的接线图，并说明其适用范围。

五、计算题

有一单相感性负载，有功功率为 100 W，$\cos\varphi=0.5$，现用量程为 1/2 A、150/300 V 的 D19-W 型功率表测量该负载的功率，应怎样选择其量程？如果功率表的标度尺分格数为 150 格，选用上述量程时，指针指示为 80 格，则负载实际消耗的功率为多少？

§6–3　数字式功率表

一、填空题（将正确的答案填写在横线上）

1．数字式功率表的测量结果要以数字的方式显示，所以电路中必定要用到__________，以便求得________和________瞬时值的乘积。

2．乘法器有两种：________________和________________。

3．模拟乘法器求得的乘积为____________，需要通过______________变换为数字量并显示。

4．SPA–96BDW 数字式直流功率表，当被测量的电流和电压值在仪表范围内时，可直接接入。如果被测值超出范围，则需通过__________或____________再接入。

二、判断题（正确的在括号内打“√”，错误的打“×”）

1．数字式功率表一般应用在对精度要求不高的场合，如监控。（　　）

2．由模拟乘法器构成的数字式功率表，既可以测量直流电路的功率，也可以测量交流电路的功率。（　　）

3．当电压信号直接接入仪表，但电流信号采用霍尔传感器接入仪表时，选用电流和电压输入端隔离的形式。（　　）

4．SPA–96BDW 智能数显直流功率表可通过标准的 Modbus–RTU 协议与各种组态系统兼容。（　　）

三、选择题（将正确答案的序号填入括号中）

1．一个用电器电功率的大小，数值上等于它在 1（　　）内所消耗的电能。

A．秒　　B．分钟　　C．小时　　D．天

2．交流电路功率是指一个周期内瞬时电压和瞬时电流乘积的（　　）值。

A．瞬时　　B．峰　　C．平均　　D．峰—峰

3．数字式交流功率表在接线时，输入电流、输入电压的方向和相序要保持（　　），否则测量的功率值会出现错误。

A．一致　　B．不同　　C．相差 90°　　D．相反

四、简答题

1．直流电路的功率和交流电路的功率有什么不同?

2．数字式功率表中使用的乘法器有哪两种？它们有什么区别？

§6-4　单相电能表

一、填空题（将正确的答案填写在横线上）

1．电子式电能表克服了交流感应式电能表的________问题，大大提高了__________，降低了仪表本身消耗的________。

2．单相电子式电能表一般由____________________、___________、_________________和______________组成。

3．单相电子式电能表的输入变换电路包括______变换器和______变换器两部分，其作用是将__________、_________变换后送至____________。

4．单相电子式预付费电能表的用途是计量额定频率为____Hz的__________________电能，并实现____________功能。

5．实行时段电价的用户，需要安装______________电能表。

6．单相费控智能电能表一般由_____________、_______________及_____________等组成。

7．SPC-96BE系列单相数字式电能表采用_________________技术，通过面板按键设置__________和__________参数，可直观显示单相系统__________的电能。该表配有__________通信接口，通过标准的__________协议，可与各种组态系统兼容，把前端采集到的电能数值实时传送给系统数据中心。

8．SPC-640系列导轨式单相多功能表可直接与________________、_____________、___________一起安装，可作为工厂、学校、医院、商场等具有电力分项管理需求的信号采集单元。

二、判断题（正确的在括号内打“√”，错误的打“×”）

1．全电子式电能表的显示部分通常采用液晶显示器。（　　）

2．单相电子式预付费电能表是一种采用先进的固态集成技术制造的新产品。（　　）

3．电卡不应放入易产生静电的物体中。（　　）

4．单相费控智能电能表与普通电能表一样，都是现代智能电网的智能终端。（　　）

5．如果被测量的电流值和电压值在仪表量程范围内，SPC-96BE系列单相数字式电能表可直接接入。（　　）

6. 使用SPC-96BE系列单相数字式电能表时，输入电流和电压要保持方向和相序的一致性，否则显示的电能和功率值将会出现错误。（ ）

三、选择题（将正确答案的序号填入括号中）

1. 单相电子式电能表的核心是（ ）。

A. 计度器　　B. 乘法器　　C. *U*/*f* 转换器　　D. 输入变换电路

2. 乘法器通常具有（ ）。

A. 一个输入端和一个输出端　　B. 一个输入端和两个输出端

C. 两个输入端和一个输出端　　D. 两个输入端和两个输出端

3. 单相电子式电能表测量的有功电能是（ ）。

A. 有功功率的大小　　B. 时间

C. 无功功率与时间的乘积　　D. 有功功率与时间的乘积

4. 为接线方便，单相电子式电能表内设有专门的接线盒，盒内接有四个接线柱，连接时只要将1、3端接电源，2、4端接（ ）即可。

A. 开关　　B. 电源　　C. 熔丝　　D. 负载

5. 当负载电流大于（ ）A时，SPC-640系列导轨式单相多功能表需用专用的接线端子接入，以确保接线安全。

A. 50　　B. 80　　C. 100　　D. 220

6. 所有导轨式电表都为直输式电表，无须外接电流互感器，为了提高测量准确度，应根据负载的（ ）等级选择适合的电表。

A. 电阻　　B. 电压　　C. 电流　　D. 大小

四、简答题

1. 简述单相电子式预付费电能表的工作原理。

2. 实现智能电能表远程费控给用电管理带来了哪些便利？

五、作图题

1．绘制普通单相电子式电能表工作原理框图，并阐述各组成部分的作用。

2．绘制单相数字式电能表的结构原理图。

§6–5 三相电能表

一、填空题（将正确的答案填写在横线上）

1．三相电能表是根据________或__________的原理，把_______________单相电能表的测量机构组合在一只表壳内制成的。

2．电能表和功率表从测量___________这一点来讲，它们是完全相同的，只不过电能测量还需增加__________，以计算__________的消耗时间。

3．按规定，对于低压供电线路，其负荷电流为_____A 及以下时，可直接接入电能表。

4．为了提高发电设备的效率，必须设法提高系统的_______________，以降低系统的___________损耗。

二、判断题（正确的在括号内打"√"，错误的打"×"）

1．测量三相电路有功功率的各种方法和理论，同样适用于三相有功电能的测量。（　）

2．在三相电能测量中，一表法由于所用仪表少，线路简单，故应用广泛。（　）

3．SPC–670 系列导轨式三相多功能电能表必须配合外置电流互感器使用。（　）

三、选择题（将正确答案的序号填入括号中）

1．三相四线有功电能表实际上是按照（　　）测功率的原理制成的。

A．一表法　　B．两表法　　C．三表法　　D．四表法

2．三相三线有功电能表一般用于计量（　　）交流有功电能。

A．单相　　B．三相三线　　C．三相四线　　D．直流

3．三相四线无功电能表（　　）。

A．仅可以测量三相四线制线路的无功电能

B．仅可以测量三相四线制线路的有功电能

C．仅可以测量三相三线制线路的无功电能

D．可以测量三相四线制线路和三相三线制线路的无功电能

四、简答题

为什么在测量三相电能时，通常不采用人工中性点法？

五、作图题

1．绘制三相四线有功电能表的接线图。

2．绘制三相三线无功电能表的接线图。

第七章　常用的电子仪器

§7-1　直流稳压电源

一、填空题（将正确的答案填写在横线上）

1．根据仪器中调整管的工作状态，常把直流稳压电源分为＿＿＿＿＿＿直流稳压电源和＿＿＿＿＿＿直流稳压电源两类。

2．直流稳压电源是一种将 220 V 工频交流电转换成恒定直流电的装置，它一般由＿＿＿＿＿、＿＿＿＿＿、＿＿＿＿＿、＿＿＿＿＿四个主要环节组成。

3．整流电路利用具有＿＿＿＿＿＿＿＿性能的整流元件，把 50 Hz 的正弦交流电变换成＿＿＿＿＿的直流电。

4．使用 UTP3305 型直流稳压电源，开机前应将电流旋钮顺时针旋转至＿＿＿＿。

5．UTP3305 型直流稳压电源的恒压操作，应按下电源开关按键，LCD 显示屏和 CV 指示灯点亮，调节＿＿＿＿＿＿＿以输出电压（输出端开路）。调节＿＿＿＿＿＿＿至最大可输出电流（电流限制），作为确定的负载条件。

6．UTP3305 型直流稳压电源的恒流操作，应逆时针旋转电流旋钮到＿＿＿＿，确保输出电流为 0，然后按下电源开关按键，LCD 显示屏和 CV 指示灯点亮。调节电压旋钮（无负载连接）至＿＿＿＿输出电压（电压限制），作为确定的负载条件。

7．UTP3305 型直流稳压电源串联或并联工作模式是通过＿＿＿＿＿＿＿的两个按键开关来实现的。

8．当使用跟踪模式时，应将 CH2 路的电压和电流旋钮＿＿＿＿时针调节到＿＿＿＿＿值的位置。

二、判断题（正确的在括号内打"√"，错误的打"×"）

1．线性直流稳压电源是指调整管工作在线性状态下的直流稳压电源。（　　）

2．直流稳压电源的电源变压器是升压变压器。（　　）

3．直流稳压电源的缺点是体积大、较笨重、效率相对较低。（　　）

4．在并联和串联跟踪模式中，电压和电流都是由 CH2 输出控制的。（　　）

三、选择题（将正确答案的序号填入括号中）

1．直流稳压电源中滤波电路的作用是将（　　）。

A．交流信号变为直流信号

B．高频信号变为低频信号

C．交直流混合量中的交流成分滤除

D．交直流混合量中的直流成分滤除

2．UTP3305 型直流稳压电源不具备（　　）功能。

A．跟踪　　　　　　B．恒压　　　　　　C．恒流　　　　　　D．逆变

3．独立 / 跟踪两个按键（　　）时，直流稳压电源处于串联跟踪模式。

A．上面的按键处于 ON 状态，下面的按键处于 OFF 状态

B．上面和下面的按键均处于 ON 状态

C．上面和下面的按键均处于 OFF 状态

D．上面的按键处于 OFF 状态，下面的按键处于 ON 状态

4．独立 / 跟踪两个按键（　　）时，直流稳压电源处于并联跟踪模式。

A．上面的按键处于 ON 状态，下面的按键处于 OFF 状态

B．上面和下面的按键均处于 ON 状态

C．上面和下面的按键均处于 OFF 状态

D．上面的按键处于 OFF 状态，下面的按键处于 ON 状态

四、简答题

1．简述直流稳压电源的主要组成及各部分的作用。

2．在使用 UTP3305 型直流稳压电源之前应进行哪些准备工作？

3．直流稳压电源使用一段时间后，应如何对其指示电路进行校准？

4．如果在使用直流稳压电源的过程中出现了无输出电压的情况，应进行哪些检查？

§7–2　函数信号发生器

一、填空题（将正确的答案填写在横线上）

1．函数信号发生器实际上是一种多波形信号源，一般能产生__________、__________、__________，有的还可以产生__________、__________、__________、__________等波形。

2．UTG962 型函数信号发生器使用了__________技术，能够生成精确、稳定、纯净、低失真的输出信号，分辨率高达________。

3．UTG962 型函数信号发生器由__________电路、__________电路、________电路和__________电路组成。

4．UTG962 型函数信号发生器输出波形的默认配置：DC 偏移电压为______的正弦波。

5．在日常使用中，要避免函数信号发生器的液晶显示器长时间受到__________。

二、判断题（正确的在括号内打"√"，错误的打"×"）

1．函数信号发生器是测量波形信号参数的一种仪器。（　）

2．函数信号发生器一般采用恒压充放电的原理来产生三角波，同时产生方波。（　）

3．函数信号发生器 DC 偏移电压的设置，能够使交流信号加入直流分量。（　）

4．UTG962 型函数信号发生器的输出直流电压默认配置为 0。（　）

三、选择题（将正确答案的序号填入括号中）

1．UTG962 型函数信号发生器将正弦波频率改为 2.5 MHz 的具体步骤如下：（　　）。

A．依次按“Wave”键→“正弦波”键→“频率”键，使用数字键盘输入 2.5，然后选择参数单位“Hz”即可

B．依次按“Wave”键→“正弦波”键→“频率”键，使用数字键盘输入 2.5，然后选择参数单位“MHz”即可

C．依次按“频率”键→“Wave”键→“正弦波”键，使用数字键盘输入 2.5，然后选择参数单位“kHz”即可

D．依次按“频率”键→“Wave”键→“正弦波”键，使用数字键盘输入 2.5，然后选择参数单位“MHz”即可

2．UTG962 型函数信号发生器输出波形的默认配置相位为（　　）。

A．0°　　B．90°　　C．180°　　D．45°

3．UTG962 型函数信号发生器输出脉冲波的默认配置是（　　）。

A．频率为 1 Hz，占空比为 25%　　B．频率为 1 kHz，占空比为 25%

C．频率为 1 kHz，占空比为 50%　　D．频率为 1 Hz，占空比为 50%

4．辅助功能（Utility）不能对（　　）进行设置和查看。

A．系统　　B．噪声波　　C．通道　　D．频率计

四、简答题

1．简述 UTG962 型函数信号发生器将输出幅度改为 $0.3V_{P-P}$ 的具体步骤。

2．简述 UTG962 型函数信号发生器出现故障时，获取机器设备信息的方法。

3．简述函数信号发生器屏幕无显示（黑屏）的一般处理方法。

4．在设置正确的情况下，函数信号发生器无波形输出应如何处理?

§7–3　模拟示波器

一、填空题（将正确的答案填写在横线上）

1．示波器是一种用来____________电信号或脉冲信号的仪器，它能把肉眼无法看见的__________变换成看得见的________，便于人们研究各种电现象的变化过程。

2．利用示波器能观察各种波形曲线，还可以用它测试各种不同的电路参数，如________、________、________、________、________等。

3．模拟示波器的种类很多，能在同一屏幕上同时显示两个被测波形的示波器称为______________。

4．普通示波器主要由________、____________、____________、______________和_______五部分组成。

5．双踪示波器的垂直系统和普通示波器相比，主要区别是设有两个__________及增加了__________和__________。

6．电子开关（Y 工作方式）有_________、_________、_____、_____和____________五种工作状态。

7．YB43020B 型双踪示波器聚焦旋钮的作用是调整扫描线的____________。

8．使用 YB43020B 型双踪示波器测量时，必须注意将 Y 轴偏转因数微调旋钮和 X 轴扫描微调旋钮旋至__________位置。

9．常用的示波器可分为______________和______________两大类。

二、判断题（正确的在括号内打“√”，错误的打“×”）

1．双踪示波器探头的作用是减小垂直通道的输入电阻、增大输入电容，从而减小杂散信号对被测信号的影响。（　　）

2．辉度旋钮的作用是控制光点和扫描线亮度。（　　）

3．双踪示波器的电源为单相三线制。（　　）

4．双踪示波器的存放环境应保持干燥和清洁。（　　）

三、选择题（将正确答案的序号填入括号中）

1．图 7–1 所示为示波器测量的某正弦信号的波形，若示波器的垂直（Y 轴）偏转系数为 10 V/Div，则该信号的电压峰—峰值是（　　）V。

A．46　　B．32.5

C．23　　D．16.25

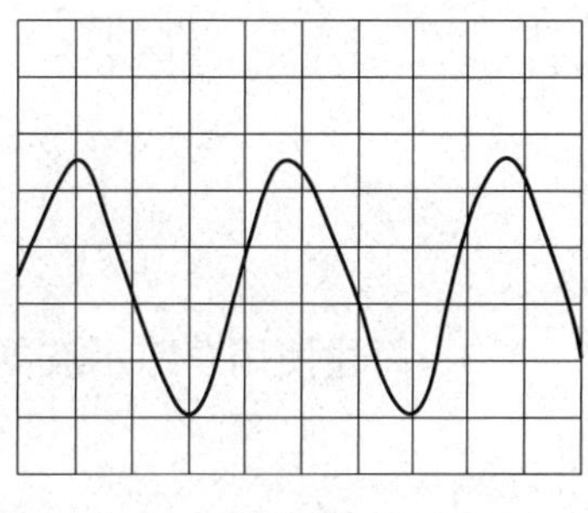

图 7–1

2．图 7–2 所示为双踪示波器测量的两个同频率正弦信号的波形，若示波器的扫描时间基数为 10 μs/Div，则两信号的频率和相位差分别是（　　）。

A．25 kHz，0°　　B．25 MHz，0°

C．25 kHz，180°　　D．25 MHz，180°

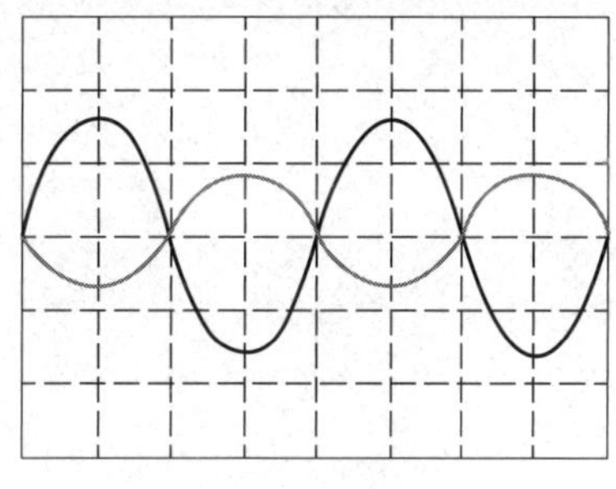

图 7–2

3．某双踪示波器的显示方式有五种：① CH1；② CH2；③ CH1+CH2；④交替；⑤断续。其中，能显示双波形的是（　　）。

A．①②　　B．③

C．②④　　D．④⑤

4．校准信号发生器的作用是产生频率为（　　）kHz、幅度为（　　）V_{P-P} 的标准方波电压。

A．1；0.5　　B．1；1

C．0.5；0.5　　D．0.5；1

四、简答题

1．双踪示波器的触发扫描和连续扫描有什么不同？

2．使用双踪示波器测量前，需要做哪些准备工作？

3．简述使用双踪示波器测量信号的方法和步骤。

4．简述双踪示波器的使用注意事项。

五、计算题

用示波器测得的波形如图 7–3 所示，已知垂直偏转系数为 0.5 V/Div，扫描时间基数为 10 μs/Div，*Y* 轴输入端采用了 10∶1 衰减的探头。计算该波形的幅值、有效值、周期和频率。

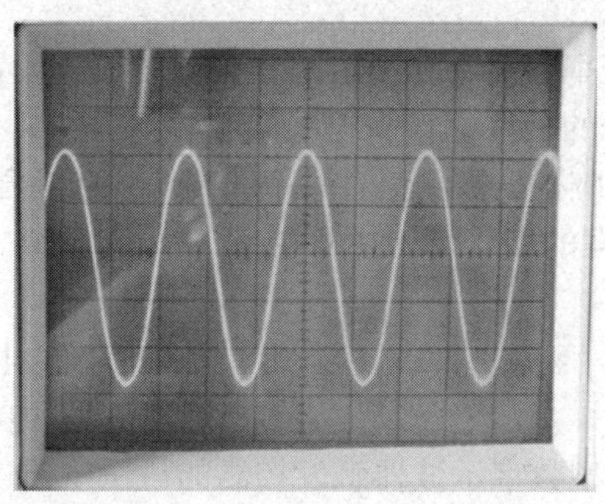

图 7–3

§7–4　数字示波器

一、填空题（将正确的答案填写在横线上）

1．在首次将探头与任一输入通道连接时，需要进行____________________，使探头与______________相配。

2．在数字示波器上需要设置探头____________，此系数改变仪器的___________倍率，从而使测量结果正确反映被测信号的__________。

3．按“AUTO”键测量时，数字示波器将自动设置_______________、________________以及___________。

4．垂直位置旋钮“VERTICAL POSITION”可以调整信号在波形窗口的垂直位置。如果通道耦合方式为 DC，可以通过观察波形与____________之间的差距来快速测量信号的______________。

5．UTD2102e 型数字示波器提供______个模拟输入通道，每个通道有______的垂直菜单。

6．垂直偏转系数的伏 / 格挡位调节分为__________和__________两种模式。

二、判断题（正确的在括号内打“√”，错误的打“×”）

1．未经补偿校正的探头会导致测量误差或错误。 （　　）

2．UTD2102e 型数字示波器应用自动设置的要求是被测信号的频率大于或等于 50 Hz，占空比大于 50%。 （　　）

3．为了配合探头衰减倍率，需要在通道操作菜单中相应设置探头衰减系数。 （　　）

4．波形反相即显示信号的相位翻转 90°。 （　　）

5．使用数字示波器时，应根据被测信号频率的高低，选择合适的水平时间基数。（　　）

三、选择题（将正确答案的序号填入括号中）

1．通用示波器可观测（　　）。

A．周期信号的频谱　　B．瞬变信号的上升沿

C．周期信号的频率　　D．周期信号的功率

2．下列关于 UTD2102e 型数字示波器触发控制的说法中错误的是（　　）。

A．“TRIGGER LEVEL”旋钮：可以改变触发电平

B．“FORCE”按键：强制产生一个触发信号，主要应用于触发方式中正常和单次模式

C．“SET TO ZERO”按键：将触发电平设定在触发信号幅值的垂直最下方

D．“TRIG MENU”按键：可以改变触发设置

3．当水平时间基数设定在（　　）ms/Div 或更慢时，数字示波器进入慢扫描采样模式。

A．100　　B．150　　C．200　　D．250

4．触发控制的方式有（　　）。

A．边沿触发　　B．脉宽触发　　C．交替触发　　D．以上选项均正确

5．触发耦合的耦合类型不包括（　　）。

A．直流　　B．交流　　C．中频抑制　　D．高频抑制

四、简答题

1．简述数字示波器的工作过程。

2．简述数字示波器垂直通道耦合的设置方法。

3．数字示波器采集信号后，若画面中并未出现信号的波形应如何处理？

4．数字示波器采集信号后，若显示波形刷新慢应如何处理？

第八章　非电量测量仪器和测量技术

§8-1　转速的测量

一、填空题（将正确答案填写在横线上）

1．非电量电气测量就是先将被测的__________转换为______，然后采用______________的方法进行测量。

2．转速表是专门测量各种旋转机械________的仪表，根据其结构的不同分为________和____________两类。

3．UT371 型非接触式转速表的电路以__________为核心，光电转速采样处理，转速量程为______________r/min，计数量程为______________。

4．光电式传感器是一种将__________转换为__________的传感器。

5．光电导效应即当光照射在某些物体上时，其__________发生变化的现象。

6．光敏二极管的工作原理是 PN 结的______________，与一般半导体二极管的不同之处在于其 PN 结装在透明管壳的__________，可直接接受光照。

7．使用 UT371 型非接触式转速表测量转速时距离不可小于______mm，避免高速旋转的物体触碰转速表，造成转速表损坏或人身伤害。

8．离心式转速表的探头与被测转轴接触时，应使两轴心________，动作要________，以两轴接触时不产生______________为准。

9．为使转速表与被测轴能够可靠接触，离心式转速表配有不同的__________，使用时可根据具体情况进行选择。

二、判断题（正确的在括号内打“√”，错误的打“×”）

1．UT371 型非接触式转速表以光电式传感器为主要器件。（　　）

2．光电脉冲放大整形电路输出的是整齐的方波信号。（　　）

3．光敏三极管与光敏二极管的基本原理相同，但光敏三极管的灵敏度比光敏二极管的灵敏度高许多倍。（　　）

4．光电池不能直接将光信号转换为电动势输出。（　　）

5．离心式转速表刻度盘的刻度是均匀的。（　　）

6．使用离心式转速表时，不能用低速挡测量高转速。（　　）

7．离心式转速表具有成本低、坚固耐用的优点。（　　）

8．离心式转速表不能在高温、高湿的环境中使用。（　　）

三、选择题（将正确答案的序号填入括号内）

1．光敏电阻是根据（　　）制成的。

A．光电导效应　　B．光电效应

C．光电动势效应　　D．光电三极管效应

2．光敏二极管在电路中一般处于（　　）状态。

A．零偏置　　B．正向偏置　　C．反向偏置　　D．反向击穿

3．光敏电阻在受到光照时，光照超强，阻值（　　）。

A．越大　　B．越小　　C．不变　　D．为零

4．一般情况下，光敏三极管中有（　　）。

A．一个 PN 结，三个引出电极　　B．两个 PN 结，两个引出电极

C．三个 PN 结，两个引出电极　　D．两个 PN 结，三个引出电极

5．光电池是根据（　　）原理制成的。

A．光电导效应　　B．光电效应

C．光生伏特　　D．光电三极管效应

6．将 UT371 型非接触式转速表的激光对准被测物体上的反光纸，与反光纸的垂直夹角不大于（　　）。

A．180°　　B．90°　　C．60°　　D．30°

7．向心力与旋转角速度的（　　）。

A．大小成正比　　B．大小成反比　　C．平方成正比　　D．平方成反比

8．离心式转速表通常利用（　　）来改变量程。

A．串联分压电阻　　B．并联分流电阻

C．电阻串、并联　　D．变速器

四、简答题

1．简述非电量电气测量技术的优点。

2．简述光电式传感器的优点和缺点。

3．简述用 UT371 型非接触式转速表测量电动机转速的步骤。

4．简述用离心式转速表测量电动机转速的步骤。

§8–2 温度的测量

一、填空题（将正确答案填写在横线上）

1．温度是用来表征________________的物理量。

2．金属热电阻传感器也称为_________传感器，它是利用金属导体的电阻随__________变化而变化的原理进行测温的。

3．我国规定，工业用铂电阻有________和________两种，并将阻值与温度的关系统一列成表格，称为________________，分度号分别用________和________表示。

4．热电偶的_____________与温度的关系表，称为分度表。

5．UT301D+ 型红外测温仪可通过测量目标表面所辐射的_____________来快速准确地确定其表面的温度。

二、判断题（正确的在括号内打“√”，错误的打“×”）

1．热电阻大多由纯金属材料制成。（ ）

2．一般的热电阻传感器由热电阻和连接导线组成。（ ）

3．铂电阻的特点是测温精度高，但稳定性较差。（ ）

4．热电阻传感器的热电阻丝必须采用无感绕法。（ ）

5．实际上，任何两种不同的材料都能制成热电偶。（ ）

6．铠装式热电偶的突出优点是可小型化、使用方便、寿命长、热惯性小。（ ）

三、选择题（将正确答案的序号填写在括号内）

1．热电阻大多由纯金属材料制成，目前主要采用的材料是（ ）。

A．铂和铜　B．铜和铁　C．铁和铝　D．钨和铅

2．铂电阻的应用范围是（ ）℃。

A．0 ～ 200　B．200 ～ 500　C．–200 ～ 850　D．–200 ～ 1 000

3．铂电阻的阻值与温度之间的关系接近于（ ）。

A．抛物线　B．线性　C．双曲线　D．圆

4．热电偶的测温原理是基于（ ）。

A．电流热效应　B．热电效应　C．电热效应　D．电磁感应

5．工业中液体、气体等介质温度的测量大多选用（ ）。

A．铠装式热电偶　B．薄膜热电偶

C．普通型热电偶　D．金属热电阻

6．使用 UT301D+ 型红外测温仪时，要确保被测目标大于测温仪光点的直径，目标越小，测量距离应越（ ）。

A．远　B．近　C．前　D．后

四、简答题

1．简述 UT301D+ 型红外测温仪的主要功能及应用范围。

2．简述 UT301D+ 型红外测温仪的使用注意事项。